U0033756

移植與蛻變
國防部一九四六工作報告書

（二）

Transplantation and Metamorphosis
Ministry of National Defense Annual Report, 1946

- Section II -

陳佑慎　主編

目錄

第十章　兵役局

第一節　修訂兵役法規

民國二十二年六月十七日，頒行之兵役法全文僅十二條，界限不清，失之太簡，曾於三十二年三月十五日修改一次，全文為三十二條，但免役範圍失之太寬，致公教人員與智識份子皆不在服兵役之列，有失兵役義務平等之義，再如區分兵役，僅國民兵役及常備兵役兩種，無補充兵役為之調節，戰時頗感動員兵力補充之困難，次如軍官佐役之無明文規定，海空軍兵役未規定實施範圍，其他如服兵役者之權利義務規定，亦乏具體，軍隊國家化之精神，未見確立，且各種子法達二百餘種之多，難免互相牴觸，前後矛盾。時值抗戰勝利，且復明令停徵一年，從容時間，作澈底之檢討（見兵役法令沿革及其內容檢討），爰重新草擬兵役法及兵役法施行法與各種施行細則二十一種，期成一部有系統、有目的、有方法、有層次之基本法令，為國防建軍樹立永久不拔之基礎，同時並將已往所頒之各種舊法規明令廢止，使吾國兵役法從此納入正軌，其中經過頗費周章（見兵役法令初編內，「兵役法修訂經過述略」）目前除兵役法已完成立法程序，並於雙十節由國府公佈外，施行法尚在立法院審議中，施行細則草案全部完成，但以施行法關係，尚未能全部定案頒行，其辦理經過情形，如附表二七。

附表廿七　兵役法規編纂情型一覽表

區分	號次	名稱	編纂情形
根本法	1	兵役法	三十五年二月底完成初稿，三月召集有關機關開會研討四日，作二度修正，於四月，以部役設二字第三三三一號呈請行政院轉咨立法院完成立法程序頒布施行，奉行政院五月廿六日節京式字第一〇九五號指令，認為該法之修訂，頗多進步，惟尚有三點飭遵照修訂呈復，遵於六月廿一日，以京役設法字第六四四號呈，縷陳原委，請鑒核示遵去後，於六月，中央機關改組，又作三度修正，於七月廿六日，由部復呈行政院，轉咨立法院迅速完成立法程序，俾期於雙十節前公布實施，九月三日，行政院第七五七次例會，根據七月廿六日所呈之兵役法修正草案，修正通過咨請立法院從速審議，經立法院九月廿一日，舉行初步審查會議，並函本部派員列席說明，九月廿四日，舉行二度審查會議，九月廿八日，提出大會（第四屆三〇八次會議）修正通過，完成三讀會之立法程序後，呈請國民政府於十月十日二六四六號公報公布施行。 備考：見兵役法令初編
手續法	2	兵役法施行法	三十五年二月完成初稿，四月召集本局科長以上人員開會研討七日，作二度修正，五月，呈請行政院審議公布施行，六月，中央軍事機關改組，作三度修正，於七月廿六日由部呈請行政院迅速審議公布施行，經九月三日，行政院第七五七次例會修正通過，連同兵役法修正草案，一併送請立法院審議，旋以該施行法，牽索甚廣，立法院須待以後從長審議，不併兵役法同時討論，十月十日兵役法公布後，本局曾數催立法院軍事委員會從速審議，嗣准該會何委員長函知，該施行法已經十月六日，該院軍事、法制兩委員會初步審查會修正，即將提出聯席會議公決，並請本部開示意見，於十一月八日前示復，經本局將草案本與立法院之初審修正本對照比較，於十一月六日簽註意見，十六項專函送請何委員長提出聯席會議，討論採納，並請由本局派員列席說明，該聯席會，於十一月六日上午舉行，本局意見多予採納，提請十一月九日，立法院三百一十一次例會

區分	號次	名稱	編纂情形
手續法	2	兵役法施行法	通過，惟以第二十七條末段，「由縣市政府列入預算」一節，暫仍保留，十一月十一日大會再提出討論，事先可徵求國防部意見，本部於十一月九日，再函何委員長，請將該條文末句，改為軟性規定，易為「依財政收支系統列入預算」，等十一字，至將來如何實施，再由本部與財政部詳為會商另令遵行，並經一再以電話催議，並於十二月四日以（卅五）役科一字第四九八五號函該院軍事委員會提前審議，以期早日公佈，藉資各級辦理兵役機關，有所遵循，同時准該會函請將該條文先與財政部會商妥當，送院再議，旋即專函財政部，請仍維持原案，准財政部十二月卅日函，甲種國民兵訓練所需，經費營房設備，一併由中央發給之，同時准立法院軍事法制委員會，十二月二十八日函，定於十二月三十一日上午十時開會討論，並請派員列席說明經遵辦並贊同財政部意見，施行法第二十七號條文遵照財政部意見通過，俟立法院下次例會通過，即可呈由國府公佈施行。
施行細則	3	師管區司令部組織暫行條例	三十五年六月完成初稿，於七月十二日以京役設發字第二一二號呈請國民政府准予先行實施，奉卅五年七月卅日府軍孝字第一〇一〇七號代電核准，同時分呈行政院。 備考：附三十五年度兵役法規輯要第一輯
	4	團管區司令部組織暫行條例	
	5	師管區司令部服務規程	三十五年八月完成初稿，呈部核定於九月七日，以役處字第一二七五號令公布實施。 備考：附三十五年度兵役法規輯要第一輯
	6	團管區司令部服務規程	
	7	妨害兵役治罪條例修正草案	三十五年五月完成初稿，中央軍事機關改組後，又作二度修正，於八月十日以後處一字第〇五九二號，呈請行政院，轉咨立法院完成立法程序，旋以兵役法修正公布，該條文又作第三度修正，終以施行法未經立法院修正通過該條例之根據，尚須局部修訂，乃於十一月七日以（卅五）役科字第二二九一號，呈請行政院緩予頒布，俟施行法修正公布後，再行比照修正，另案呈核，准行政院祕書處十一月十八日節京貳字第一九八二號函奉諭「准予照辦」在卷，施行法已經立法院修正通過，本草案已根據作第四度修正，並由部呈院審議。
	8	兵役獎懲規則修正草案	

<table>
<tr><th>區分</th><th>號次</th><th>名稱</th><th>編纂情形</th></tr>
<tr><td rowspan="13">施行細則</td><td>9</td><td>兵役協會組織通則修正</td><td>三十五年七月，完成初稿，呈部核定後，於九月十八日，以（卅五）役處一字第〇七七一號呈請行政院審核，轉呈公布施行，因施行法尚未完成立法程序，該通則於十一月七日，以（卅五）役科一字第二二九一號呈請行政院緩予頒布，俟施行法公布後，再比照修正，另案呈核，准行政院祕書處十一月十八日節京貳字第一九八二號函，奉諭「准予照辦」在卷，施行法已經立法院修正通過，本草案復作第二度修正，刻正辦理呈請審議公布手續中。</td></tr>
<tr><td>10</td><td>陸海空軍復員實施規程草案</td><td>卅五年五月，完成初稿，中央軍事機關改組後，作二度修正，十月十日兵役法公布後，作三度修正，於卅五年十月十八日，以（卅五）役處三字第〇五三一號呈請行政院審核請呈公布施行，嗣因施行法尚未奉頒，乃於十一月七日，以（卅五）役科一字第二二九一號呈請行政院緩予頒布，准行政院祕書處十一月十八日節京貳字第一九八二號函，奉諭「准予照辦」在卷，施行法已經立法院修正通過，本草案復作第四度修正，刻正辦理呈請審議公布手續中。</td></tr>
<tr><td>11</td><td>戰時軍人及其家屬優待條例草案</td><td rowspan="11">以下所列第十一種起至第二十一種止，共計十一種法規，均於五月完成初稿，中央軍事機關改組後，於六月作二度修正，於九月七日奉前次長郭九月七日手令，「法令未擬完者趕擬」等因，遂將本局完成之法規列表，呈請鑒核，復奉九月十一日批示，所擬各法規草案，應再開會逐條商討，復簽呈部次長發交法規司覆核，並派員與該司洽商，以免拖延時日等因，遵於九月十二日，由本局通報各處科，規定經局核定呈院者，不再開會商討外，科長以上人員，均應全體參加，附開會日程表一份，希按表列項目，分別轉飭起草人列席說明，經於九月十四日起，至九月廿八日止，分別討論竣事，於十月三日，以役科一字第四三一號簽呈部長，並將立法院目前修正兵役法情形，及擬將該項各種子法，比照修訂奉批「可」再於十月九日以役科一字第二二九一號簽呈次長郭，並連同會議討論情形，及簽到表，並呈奉十月十日批示「新兵役法已公布，應速核辦，以期迅速完成應行下達之手續」等因，復於十月十日轉飭各院各處遵照辦理，惟以各種子法，多須根據兵役法施行法修訂，刻已將施行法分交各起草人比照修訂，趕速完成中。</td></tr>
<tr><td>12</td><td>國民兵組織管理訓練服役綱要草案</td></tr>
<tr><td>13</td><td>在鄉軍人會組織通則草案</td></tr>
<tr><td>14</td><td>陸海空軍在鄉軍人管理規則草案</td></tr>
<tr><td>15</td><td>兵役召集規則草案</td></tr>
<tr><td>16</td><td>軍用技術人員調查徵調及服役規則草案</td></tr>
<tr><td>17</td><td>徵兵處理規則初稿</td></tr>
<tr><td>18</td><td>陸軍常備兵服役規則初稿</td></tr>
<tr><td>19</td><td>陸軍補充兵服役規則初稿</td></tr>
<tr><td>20</td><td>陸軍士兵籍規則初稿</td></tr>
<tr><td>21</td><td>兵役重要簿冊表圖調製統計保管辦法草案</td></tr>
</table>

區分	號次	名稱	編纂情形
施行細則	22	免役禁役 緩徵緩召 審查辦法草案	本辦法係於十二月十一日，根據立法院通過之兵役法施行法修正本擬定者，擬由部公布，稿已奉判，預計於卅六年元月二十日左右可以發出。
	23	有關國防工業 專門技術員工 緩召適用範圍	本適用範圍，於十二月十一日，根據立法院通過之兵役法施行法修正，本及戰時國防軍需工業改交通技術員工緩徵辦法而修訂者，正由部呈院審議公布中。

第二節　舊有師團管區結束及移交新師團管區

舊有師管區，係自民國二十五年試辦徵兵起開始成立，經過抗戰八年，劃區數目，因應情況，迭有變更，截至三十四年底，尚有師管區九十個（連同三十五年二月綏遠改立之師管區合計）、團管區二個、徵兵事務所二個。三十五年三月二日奉令原有師團管區，應即結束，遂於三月二十日通電舊有各師團管區及軍管區直轉之徵兵事務所，限四月十五日一律結束，於四月十六日起成立各師團管區結束辦事處，辦理結束事宜，並於四月二日頒發結束實施辦法，令飭遵行。

同年九月第一期新師團管區成立，依照新管區設置情形，令飭七十三個師管區結束處，將所有公文公物，限十月底以前分別移交新管區接收完畢，並頒發交接辦法，通令新舊管區遵行。

同年十二月新管區成立，令飭十二個師管區結束處、兩個團管區結束處，將所有公文公物限本年底以前分別移交新管區接收完畢，並將交接辦法予以修正，頒發遵行。

綜計九十個師管區結束處、兩個團管區結束處，於本年十月底及十二月底以前先後交由新管區分別接收完畢。

第三節　本年度兵役管區之重新設置

自本年三月由前軍政部兵役署依照戰後建軍方針，擬具師團管區設施計劃，分全國為六十個師管區，一九九個團管區，經本部於七月底加以修正（如附計七），呈奉主席核准先行實施，遵即擬定分期成立計劃，如附表二八。第一期於九月份起組成三十七個師管區、一〇三個團管區。第二期於十二月份組成十九個師管區、七十二個團管區。其餘尚有四個師管區、二十四個團管區列入第三期，留待明（卅六）年續設（如附表二九）。至團管區之在隴海線及其以北者，各轄三個新兵大隊，以南者各轄兩個新兵大隊，均於各該管區成立時陸續成立，如附表三〇、三一、三二。

附計七　師團管區設施計劃

甲、方針

一、為確立兵役體系，實施徵兵制度與行政區配合，於全國境內設置師團管區，以適應國防需要而完成建軍之任務。

乙、設施要領

二、師團管區應配合常備師定額，並根據各地人口之密度，顧慮行政區之便利而設置之，以利兵役之實施。

三、師管區直隸於軍政部，並受中央有關各部之指導，為兵役行政之中間指揮監督機關，其主要任務，在平時擔任常備部隊兵員之徵補、補充兵之編練及在鄉軍人之管理、國民兵之組訓等事項。戰時擔任動員召集、兵員補充及戰後復員退役等事項。

四、團管區直隸於師管區，為兵役行政主要機關，其重要任務，在平時指揮監督轄區各縣（市）之徵兵，處理國民組訓及在鄉軍人之管理，戰時擔任動員召集、兵員補充之實施事務。

五、師團管區與其上下級平行兵役行政機關之系統另行制訂之。

六、師管區全國共設六〇個，團管區全國共設一九九個，計師管區轄之團管區一八六個，又地廣人稀，交通不便邊境要地情形特殊之省區，共設置直轄團管區一三個，其與常備師配當辦法另定之。但海空軍及獨立特種部隊兵員之徵補，由全國管區內統籌配徵，不另配管區。

七、師團管區轄境之大小，以人口密度為主要之根據，並兼顧交通、行政、民情、習慣、職業等條件而區劃之，各師團區之人口，以近乎平均數為標準。

八、師管區以人口及其他關係限制，必要時可增轄四個或只轄兩個團管區，其與常備師之配合得與其他團管區配賦之。

九、省區區域及常備師定額，如有變更時，師團管區亦隨之加以調整。

丙、管區劃分

十、依據前列第六條之要領劃分師管區如左：

1. 劃六個師管區者——四川省區。
2. 劃五個師管區者——江蘇省區。
3. 劃四個師管區者——湖南、廣東、山東、河北、河南等五個省區。
4. 劃三個師管區者——浙江、安徽、湖北等三個省區
5. 劃兩個師管區者——江西、福建、貴州、廣西、雲南、山西、陝西、遼寧等八個省區。
6. 劃一個師管區者——甘肅、台灣、新疆、吉林等四個省區。
7. 設直轄團管區者——寧夏、青海、西康、綏遠、察哈爾、熱河、遼北、安東、松江、合江、黑龍江、嫩江、興安等十三個省區。

丁、組織及編制

十一、師管區司令部設少（中）將司令一員，承秉軍政部長之命，依照兵役法令，對所轄團管區負指揮監督管理考核之責。另設少將副司令一員，及上校（少將）參謀長一員，協助處理一切業務。

戊、實施步驟

十二、師團管區實施之步驟如左：

1. 準備時期（四月份）

完成管區計劃與修正主要兵役法令，及完成立法手續，下達必要命令。

2. 舊有管區結束時期（四月份）

原有各師團管區，均限於四月底以前一律結束完畢，並由四月內考核原有師團管區主要人員及儲備新材決定人事。

3. 新管區成立時期（五月份）

新設師團管區由五月份開始逐步成立。並先行舉辦幹部訓練及清理原有師團管區之結束事宜。

以上各期實施詳細辦法，應另行擬定之。

附記：

（一）如本案之立法手續時間延長，得於立法完成之次一月成立新管區（舊管區結束另行計劃實施之）。

（二）關於師管區之轄縣細部劃分，因時間促迫，疏漏難免，擬候命令實施時再檢討修正。

（三）西藏暫不設管區。

（四）本計劃俟軍區核定變更時再依據加以修正。

附表二八　全國師團管區分期成立表

三十五年十二月
國防部兵役局第一處製

江蘇

師管區			團管區及直轄團管區			
成立期次	名稱	駐地	成立期次	名稱	駐地	轄新兵大隊數
II	蘇北	徐州市	I	銅山	徐州市	3
			I	東海	東海	3
			II	宿遷	宿遷	3
II	蘇東	東台	II	東台	東台	2
			II	鹽城	鹽城	2
			I	南通	南通	2
II	蘇西	江都	I	江都	江都	2
			II	淮陰	淮陰	2
			I	泰縣	泰縣	2
I	蘇南	鎮江	I	鎮江	武進	2
			I	無錫	無錫	2
			II	南京	南京市	2
II	上海	上海市	II	上海	上海市	2
			I	吳縣	吳縣	2
			I	松江	松江	2

浙江

師管區			團管區及直轄團管區			
成立期次	名稱	駐地	成立期次	名稱	駐地	轄新兵大隊數
I	浙北	杭州市	II	杭州	杭州市	2
			I	嘉興	嘉興	2
			II	建德	建德	2
II	浙東	鄞縣	I	鄞縣	鄞縣	2
			I	寧海	寧海	2
			I	臨海	臨海	2
I	浙西	金華	I	金華	金華	2
			II	衢縣	衢縣	2
			I	永嘉	永嘉	2

安徽

師管區			團管區及直轄團管區			
成立期次	名稱	駐地	成立期次	名稱	駐地	轄新兵大隊數
I	皖北	蚌埠市	I	鳳陽	鳳陽	3
			II	蒙城	蒙城	3
			I	阜陽	阜陽	3
I	皖中	合肥	I	六安	六安	3
			II	巢縣	巢縣	3
			II	桐城	桐城	3
II	皖南	懷寧	I	安慶	懷寧	2
			I	宣城	宣城	2
			I	休寧	屯溪鎮	2

江西

師管區			團管區及直轄團管區			
成立期次	名稱	駐地	成立期次	名稱	駐地	轄新兵大隊數
I	贛北	南昌市	I	南昌	南昌市	2
			I	浮梁	浮梁	2
			I	南城	南城	2
I	贛南	吉安	I	吉安	吉安	2
			I	上高	上高	2
			I	贛縣	贛縣	2

湖北

師管區			團管區及直轄團管區			
成立期次	名稱	駐地	成立期次	名稱	駐地	轄新兵大隊數
I	鄂東	武昌市	I	咸寧	咸寧	2
			I	蘄春	蘄春	2
			I	黃陂	黃陂	2
I	鄂中	漢陽	II	漢川	漢川	2
			I	隨縣	隨縣	2
			I	漢陽	新堤鎮	2
I	鄂西	宜昌	II	宜昌	宜昌	2
			I	襄陽	襄陽	2
			I	鄖縣	老河口	2
			II	恩施	恩施	2

湖南

師管區			團管區及直轄團管區			
成立期次	名稱	駐地	成立期次	名稱	駐地	轄新兵大隊數
I	湘北	常德	I	常德	常德	2
			I	益陽	益陽	2
			I	安化	安化	2
I	湘東	長沙市	III	長沙	長沙市	2
			II	岳陽	岳陽	2
			I	衡山	衡山	2
I	湘西	沅陵	II	沅陵	沅陵	2
			I	邵陽	邵陽	2
			II	芷江	芷江	2
I	湘南	衡陽市	II	衡陽	衡陽市	2
			I	桂陽	桂陽	2
			I	零陵	零陵	2

四川

師管區			團管區及直轄團管區			
成立期次	名稱	駐地	成立期次	名稱	駐地	轄新兵大隊數
I	川東	萬縣	II	萬縣	萬縣	2
			I	達縣	達縣	2
			I	大竹	大竹	2
I	川北	成都市	II	成都	成都市	2
			I	劍閣	劍閣	2
			I	茂縣	綿竹	2
I	川中	遂寧	I	遂寧	遂寧	2
			I	南充	南充	2
			I	三台	三台	2
II	川西	樂山	I	嘉定	樂山	2
			I	邛崍	邛崍	2
			I	簡陽	簡陽	2
II	川南	瀘縣	I	隆昌	隆昌	2
			I	榮縣	榮縣	2
			I	宜賓	宜賓	2
I	重慶	重慶市	II	巴縣	巴縣	2
			I	江北	江北	2
			I	涪陵	涪陵	2
			I	永川	永川	2

西康

師管區			團管區及直轄團管區			
成立期次	名稱	駐地	成立期次	名稱	駐地	轄新兵大隊數
			II	西康	雅安	2

台灣

師管區			團管區及直轄團管區			
成立期次	名稱	駐地	成立期次	名稱	駐地	轄新兵大隊數
II	台灣	台中市	II	台中	台中市	2
			II	基隆	基隆市	2
			II	高雄	高雄市	2

福建

師管區			團管區及直轄團管區			
成立期次	名稱	駐地	成立期次	名稱	駐地	轄新兵大隊數
I	閩北	福州市	II	寧德	寧德	2
			II	建甌	建甌	2
			I	福清	福清	2
II	閩南	龍溪	I	龍溪	龍溪	2
			I	永春	永春	2
			I	龍岩	龍岩	2

廣東

師管區			團管區及直轄團管區			
成立期次	名稱	駐地	成立期次	名稱	駐地	轄新兵大隊數
II	粵東	潮安	I	潮安	潮安	2
			I	梅縣	梅縣	2
			I	陸豐	陸豐	2
I	粵北	曲江	I	曲江	曲江	2
			I	清遠	清遠	2
			I	德慶	德慶	2
I	粵南	湛江市	II	合浦	合浦	2
			I	台山	台山	2
			II	茂名	湛江市	2
			III	信縣	信縣	2
II	粵中	廣州市	II	廣州市	廣州市	2
			I	惠陽	惠陽	2
			I	中山	中山	2

廣西

師管區			團管區及直轄團管區			
成立期次	名稱	駐地	成立期次	名稱	駐地	轄新兵大隊數
I	桂東	桂林市	II	桂林	桂林市	2
			I	蒼梧	梧州市	2
			I	桂平	鬱林	2
I	桂西	南寧市	II	南寧	南寧市	2
			I	柳州	柳州市	2
			I	百色	百色	2

貴州

師管區			團管區及直轄團管區			
成立期次	名稱	駐地	成立期次	名稱	駐地	轄新兵大隊數
I	黔東	鎮遠	I	思南	思南	2
			I	遵義	遵義	2
			II	獨山	獨山	2
I	黔西	安順	I	安順	安順	2
			II	貴陽	貴陽	2
			II	興仁	興仁	2

雲南

師管區			團管區及直轄團管區			
成立期次	名稱	駐地	成立期次	名稱	駐地	轄新兵大隊數
I	昆明市	昆明市	II	昆明	昆明市	2
			I	昭通	昭通	2
			I	文山	文山	2
I	大理	大理	I	麗江	麗江	2
			I	楚雄	楚雄	2
			I	保山	保山	2

河北

師管區			團管區及直轄團管區			
成立期次	名稱	駐地	成立期次	名稱	駐地	轄新兵大隊數
I	冀北	天津市	II	天津	天津市	3
			I	昌黎	昌黎	3
			I	唐山	唐山	3
			I	北平	北平	3
III	冀東	滄縣	I	滄縣	滄縣	3
			III	任邱	任邱	3
			III	交河	交河	3
I	冀西	清苑	I	定縣	定縣	3
			II	正定	正定	3
			III	深縣	深縣	3
III	冀南	邢台	III	邢台	邢台	3
			III	南宮	南宮	3
			III	大名	大名	3

山東

師管區			團管區及直轄團管區			
成立期次	名稱	駐地	成立期次	名稱	駐地	轄新兵大隊數
II	魯北	濟南市	I	平原	暫駐濟南	3
			III	惠民	惠民	3
			II	張店	張店鎮	3
			II	博山	博山	3
I	魯東	青島市	II	崍陽	暫駐青島	3
			III	文登	文登	3
			II	膠縣	膠縣	3
			I	濰縣	濰縣	3
	魯西	東阿	III	東阿	東阿	3
			III	聊城	聊城	3
			II	荷澤	荷澤	3
II	魯南	滋陽	II	濟寧	濟寧	3
			III	莒縣	莒縣	3
			II	嶧縣	嶧縣	3

河南

師管區			團管區及直轄團管區			
成立期次	名稱	駐地	成立期次	名稱	駐地	轄新兵大隊數
II	豫北	安陽	II	安陽	安陽	3
			I	新鄉	新鄉	3
			I	博愛	獲嘉	3
I	豫東	開封	I	鄭縣	鄭縣	3
			II	商邱	商邱	3
			II	蘭封	蘭封	3
			II	周口	周家口	3
II	豫西	洛陽	I	洛陽	洛陽	3
			I	鞏縣	鞏縣	3
			I	南陽	南陽	3
I	豫南	信陽	II	信陽	信陽	3
			I	郾城	郾城	3
			II	潢川	潢川	3

山西

師管區			團管區及直轄團管區			
成立期次	名稱	駐地	成立期次	名稱	駐地	轄新兵大隊數
II	晉北	陽曲	II	榆次	榆次	3
			II	大同	大同	3
			III	靜樂	靜樂	3
II	晉南	臨汾	II	臨汾	臨汾	3
			III	長治	長治	3
			II	運城	運城	3

熱河

師管區			團管區及直轄團管區			
成立期次	名稱	駐地	成立期次	名稱	駐地	轄新兵大隊數
			II	熱河	承德	3

察哈爾

師管區			團管區及直轄團管區			
成立期次	名稱	駐地	成立期次	名稱	駐地	轄新兵大隊數
			II	察哈爾	張家口	3

綏遠

師管區			團管區及直轄團管區			
成立期次	名稱	駐地	成立期次	名稱	駐地	轄新兵大隊數
			II	綏遠	歸綏	3

遼寧

師管區			團管區及直轄團管區			
成立期次	名稱	駐地	成立期次	名稱	駐地	轄新兵大隊數
I	遼東	瀋陽市	II	瀋陽	瀋陽市	3
			I	遼陽	遼陽市	3
			I	蓋平	蓋平	3
I	遼西	錦州市	II	錦州	錦州市	3
			I	新民	新民	3
			II	黑山	黑山	3

安東

師管區			團管區及直轄團管區			
成立期次	名稱	駐地	成立期次	名稱	駐地	轄新兵大隊數
			II	安東	安東	3

遼北

師管區			團管區及直轄團管區			
成立期次	名稱	駐地	成立期次	名稱	駐地	轄新兵大隊數
			I	遼北	四平街	3

吉林

師管區			團管區及直轄團管區			
成立期次	名稱	駐地	成立期次	名稱	駐地	轄新兵大隊數
I	吉林	長春市	II	長春	長春市	3
			I	永吉	永吉	3

松江

師管區			團管區及直轄團管區			
成立期次	名稱	駐地	成立期次	名稱	駐地	轄新兵大隊數
			III	松江	濱江市	3

合江

師管區			團管區及直轄團管區			
成立期次	名稱	駐地	成立期次	名稱	駐地	轄新兵大隊數
			III	合江	佳木斯	3

黑龍江

師管區			團管區及直轄團管區			
成立期次	名稱	駐地	成立期次	名稱	駐地	轄新兵大隊數
			III	黑龍江	北安	3

嫩江

師管區			團管區及直轄團管區			
成立期次	名稱	駐地	成立期次	名稱	駐地	轄新兵大隊數
			III	嫩江	龍江	3

興安

師管區			團管區及直轄團管區			
成立期次	名稱	駐地	成立期次	名稱	駐地	轄新兵大隊數
			III	興安	海拉爾	3

陝西

師管區			團管區及直轄團管區			
成立期次	名稱	駐地	成立期次	名稱	駐地	轄新兵大隊數
II	陝北	西安市	I	西安	西安市	3
			III	膚施	膚施	3
			II	大荔	大荔	3
II	陝南	南鄭	I	南鄭	南鄭	3
			II	寶雞	寶雞	3
			II	安康	安康	3

甘肅

師管區			團管區及直轄團管區			
成立期次	名稱	駐地	成立期次	名稱	駐地	轄新兵大隊數
I	甘肅	蘭州市	I	武威	武威	3
			II	平涼	平涼	3
			I	天水	天水	3

寧夏

師管區			團管區及直轄團管區			
成立期次	名稱	駐地	成立期次	名稱	駐地	轄新兵大隊數
			II	寧夏	銀川市	3

青海

師管區			團管區及直轄團管區			
成立期次	名稱	駐地	成立期次	名稱	駐地	轄新兵大隊數
			II	青海	西寧市	3

新疆

師管區			團管區及直轄團管區			
成立期次	名稱	駐地	成立期次	名稱	駐地	轄新兵大隊數
III	新疆	迪化市	III	迪化	迪化市	3
			III	阿克蘇	阿克蘇	3
			III	和闐	和闐	3

附記
一、總計師管區 60 個、團管區 199 個（含西康等直轄團管區 13 個）。
二、第一期師管區 30 個、團管區 103 個，第二期師管區 19 個、團管區 72 個，第三期師管區 4 個、團管區 24 個。
三、第一、二期共成立新兵大隊 415 個（轄三個大隊之團管區 65 個、轄兩個者 20 個）。
四、第三期之新兵大隊視整軍情形需要再行決定，為計算便利，暫按長江流域以南者 2 個、以北者 3 個計列。

附表二九　第一期設立師團管區及新兵大隊成立日期統計（一覽）表

省別	番號		主官姓名	駐地	成立日期	所轄新兵大隊	
						數目	成立日期
江蘇	蘇南師管區	司令部	周化南	鎮江	9/11	2	10/16
		鎮江團管區	何滌宇	鎮江	9/12	2	10/16
		無錫團管區	蔡潤祺	無錫	9/16	2	10/16
		銅山團管區	苗瑞體	銅山	9/1	3	9/1
		東海團管區	羅勛武	東海	9/1	3	10/1
		南通團管區	袁　嘯	南通	9/1	2	9/1
		江都團管區	金　偉	江都	9/11	2	10/1
		泰縣團管區	關鵬飛	泰縣	9/3	2	10/1
		吳縣團管區	杜　緒	吳縣	9/1	2	10/1
		松江團管區	李顯凱	松江	10/1	2	10/12
浙江	浙北師管區	司令部	夏季屏	杭州	9/1	4	10/1
		嘉興團管區	呂欽璜	嘉興	9/1	2	10/1
		鄞縣團管區	沈中立	鄞縣	9/1	2	10/10
		寧海團管區	譚　權	寧海	9/21	2	10/21
		臨海團管區	李守寬	臨海	9/16	2	
	浙西師管區	司令部	周振強	金華	9/1	2	第一大隊酉刪成立 第二大隊酉卅成立
		金華團管區	陳履旋	金華	9/11	2	
		永嘉團管區	葉　邁	永嘉		2	
安徽	皖北師管區	司令部	焦其鳳	蚌埠	10/27	3	10/1
		鳳陽團管區	陳永立	鳳陽	10/1	3	10/1
		阜陽團管區	卞大章	阜陽	10/1	3	10/1
	皖中師管區	司令部	李才桂	合肥	9/15	6	10/1
		六安團管區	陳　倬	六安	9/15	3	10/1
		安慶團管區	阮永祺	安慶	9/5	2	9/5
		宣城師管區	劉志鵬	宣城		2	10/1
		休寧師管區	胡化民	休寧		2	10/1
江西	贛北師管區	司令部	唐三山	南昌	9/15		
		南昌團管區	鍾同禮	南昌	9/15	2	
		浮梁團管區	詹　冲	浮梁	9/15	2	
		南城團管區	林勉新	南城	9/15	2	
	贛南師管區	司令部	吳鶴雲	吉安	9/15		
		吉安團管區	劉耿介	吉安	10/5	2	10/1
		上高團管區	歐陽柳	上高	10/8	2	10/1
		贛縣團管區	庾浩如	贛縣	10/8	2	10/1

省別	番號		主官姓名	駐地	成立日期	所轄新兵大隊	
						數目	成立日期
湖北	鄂東師管區	司令部	陳襄謨	武昌	9/10		
		咸寧團管區	周文冕	咸寧	9/10	2	10/1
		蘄春團管區	胡牧球	蘄春	9/10	2	10/1
		黃陂團管區	廖明道	黃陂	9/10	2	10/1
	鄂中師管區	司令部	孫定超	濮陽	9/16	2	10/16
		隨縣團管區	方　舟	隨縣	9/16	2	10/16
		沔陽團管區	梅展翼	沔陽	10/1	2	10/16
	鄂西師管區	司令部	幸　我	宜昌	9/11	4	10/1
		襄陽團管區	艾　時	襄陽		2	10/1
		鄖縣團管區	黃雲山	鄖縣	9/12	2	10/1
湖南	湘北師管區	司令部	王聲溢	常德	9/28		
		常德團管區	周濂之	常德	10/16	2	10/16
		益陽團管區	胡繼瑗	益陽	10/3	2	10/24
		安化團管區	陳道民	安化	10/1	2	10/16
	湘東師管區	司令部	馮　璜	長沙	9/1	4	11/1
		衡山團管區	鍾葉坤	衡山	9/1	2	10/1
	湘西師管區	司令部	呂　康	沅陵	9/30	4	
		邵陽團管區	朱厚鴻	邵陽	10/8	2	
	湘南師管區	司令部	苟吉堂	衡陽	9/15	2	10/1
		桂陽團管區	黃鐳瑩	桂陽	9/15	2	10/1
		零陵團管區	李隆球	零陵	9/15	2	10/1
四川	川東師管區	司令部	戴　文	萬縣		2	
		達縣團管區	游澤惠	達縣		2	9/26
		大竹團管區	張仲玉	大竹		2	
	川北師管區	司令部	蔣超雄	成都		2	
		劍閣團管區	蔣東魯	劍閣		2	
		茂縣團管區	葉嘉賓	綿竹		2	
	川中師管區	司令部	王公亮	遂寧	9/1	2	10/1
		遂寧團管區	蔡則行	遂寧	10/1	2	10/1
		南充團管區	黃世薰	南充		2	10/1
		三台團管區	張岱宗	三台		2	10/1
		嘉定團管區	趙嘉惠	嘉定		2	
		邛崍團管區	藍國斌	邛崍	9/15	2	10/11
		簡陽團管區	沈世宗	簡陽	9/15	2	
	重慶師管區	司令部	劉柔遠	重慶	9/1	2	
		江北團管區	姚凌虛	江北		2	
		涪凌團管區	王　華	涪凌		2	
		永川團管區	萬金裕	永川		2	
		榮縣團管區	張國維	榮縣	9/15	2	10/15
		隆昌團管區	周潮生	隆昌		2	10/10

省別	番號		主官姓名	駐地	成立日期	所轄新兵大隊	
						數目	成立日期
四川		宜賓團管區	黃勷文	宜賓		2	10/10
福建	閩北師管區	司令部	譚道平	福州	9/21	2	11/1
		建甌團管區	吳振綱	建甌	9/25	2	11/1
		福清團管區	吳鶴予	福清	9/21	2	11/1
		龍溪團管區	鄭 煜	龍溪	9/20	2	10/20
		永春團管區	楊贊文	永春	9/20	2	10/30
廣東		潮安團管區	韓 濯	潮安	9/30	2	9/30
		梅縣團管區	蘇善禧	梅縣		2	
		陸豐團管區	陳定邦	陸豐		2	
	粵北師管區	司令部	廖 肯	曲江	9/20		
		曲江團管區	陳中堅	曲江		2	
		清遠團管區	楊春霖	清遠		2	
		德慶團管區	盧運從	德慶		2	
	粵南師管區	司令部	林 英	茂名	9/21	4	10/1
		台山團管區	杜英強	台山		2	10/1
	粵中師管區	司令部	溫 靖	廣州	9/21	2	10/1
		惠陽團管區	蔡 波	惠陽	9/21	2	
		中山團管區	薛李良	中山	9/21	2	
廣西	桂東師管區	司令部	呂國銓	桂林	9/11	2	10/1
		蒼梧團管區	韋仕鴻	蒼梧	9/21	2	10/1
		桂平團管區	宋 珖	鬱林	9/21	2	10/1
	桂西師管區	司令部	李繩武	南寧	9/21	2	10/1
		柳州團管區	韋載庠	柳州	9/21	2	10/1
		百色團管區	李文麒	百色	9/25	2	10/1
貴州	黔東師管區	司令部	楊 勃	鎮遠	10/1	2	10/1
		思南團管區	趙學琴	思南	10/11	2	10/11
		遵義團管區	魏 紘	遵義	10/1	2	10/1
	黔西師管區	司令部	蕭大中	安順	10/1	2	11/1
		安順團管區	陳子衡	安順	10/1	2	11/1
雲南	滇東師管區	司令部	張言傳	昆明		4	
		昭通團管區	周宗歧	昭通		2	
	滇西師管區	司令部	蘇令德	大理	9/15		
		麗江團管區	郝標父	麗江	9/15	2	
		楚雄團管區	邱廷泉	楚雄	9/15	2	
		保山團管區	朱偉盈	保山	9/15	2	

省別	番號		主官姓名	駐地	成立日期	所轄新兵大隊	
						數目	成立日期
河北	冀北師管區	司令部	李兆鍈	天津	10/16	6	
		唐山團管區	趙作福	唐山		3	
		北平團管區	周振綱	北平		3	
	冀西師管區	司令部	宋邦榮	清苑		3	
		正定團管區	王果夫	正定		3	
		滄縣團管區	張凌周	滄縣		3	
山東	魯東師管區	司令部	項傳遠	青島	9/1		
		濰縣團管區	齊國擋	濰縣		3	
		平原團管區	綦書坪	暫駐濟南	9/16	3	
河南	豫東師管區	司令部	張文清	開封	9/20	9	
		鄭州團管區	賴　暉	鄭州		3	
		新鄉團管區	王士俊	新鄉	10/16	3	10/16
		博愛團管區	任廷材	博愛		3	
		洛陽團管區	傅良璧	洛陽	9/20	3	10/20
		鞏縣團管區	李孟銳	鞏縣	9/15	3	
		南陽團管區	熊再勛	南陽	9/16	3	
	豫南師管區	司令部	李德生	信陽		6	
		郾城團管區	劉濟向	郾城	9/20	3	
遼寧	遼東師管區	司令部	趙錫慶	瀋陽	10/20	3	
		遼陽團管區	林德溥	遼陽	10/20	3	
		蓋平團管區	張占中	暫駐營口	10/20	3	10/21
	遼西師管區	司令部	黃永安	錦州		6	
		新民團管區	張振林	新民		3	
遼北		遼北團管區	鄭殿起	四平街		3	
吉林	吉林師管區	司令部	李寫春	長春		3	
		永吉團管區	方傳進	永吉		3	
陝西		西安團管區	樊澤春	西安	10/8	3	10/6
		南鄭團管區	李凌雲	南鄭	9/1	3	9/1
甘肅	甘肅師管區	司令部	袁耀庭	蘭州		3	10/1
		天水團管區	鄭士瑞	天水		3	10/1
		武威團管區	潘孟漢	武威		3	10/1

附表三〇　全國師團管區及新兵大隊分期成立數目統計表

期別	師管區數	團管區數	新兵大隊數
第一期	37	103	333
第二期	19	72	82
第三期	4	24	
合計	60	199	415

附記
一、師團管區第一、二期已成立，第三期待續設立。
二、新兵大隊個數係按各師團管區配額設立，第三期待成立管區未配兵，故未設立。

附表三一　全國師團管區應設及已設數目編制人馬統計表

三十五年十二月三十一日

兵役局第一處製

部別區分		師管區司令部（轄通信警衛排）(1)	團管區司令部 (1)	新兵大隊 (1)	師管區軍醫院 (1)	團管區醫務所 (1)
官佐	中將	1				
	少將	2	1			
	上校	6	1			
	中校	3	1	1	3	1
	少校	12	7		2	1
	上尉	24	14	8	7	1
	中尉	17	18	13		3
	少尉	8	4	10		1
	准尉			5		
	小計	73	46	37	12	7
士兵	上士	14	4	7	6	2
	中士	8	6	47	4	2
	下士	7	4	46	4	1
	上等兵	35	6	24	26	5
	一等兵	32	13	8	6	2
	二等兵	20	16	10		3
	駕駛上士	6	4			
	通信一級軍士	1				
	通信二級軍士	1	1			
	通信三級軍士	2	2			
	小計	126	56	142	46	15
官兵合計		199	102	179	58	22
乘馬		16	7			

部別區分		全國應設置					
		師管區 60個	團管區 199個	新兵大隊 485個	師管區軍醫院 60個	團管區醫務所 13個	官兵合計
官佐	中將	60					60
	少將	120	199				319
	上校	360	199				559
	中校	180	199	485	180	13	1,057
	少校	720	1,393		120	13	2,246
	上尉	1,440	2,786	3,880	420	13	8,339
	中尉	1,020	3,582	6,305		39	10,946
	少尉	480	796	4,850		13	6,139
	准尉			2,425			2,425
	小計	4,380	9,154	17,945	720	91	32,290
士兵	上士	840	796	3,395	360	26	25,417
	中士	480	1,194	22,795	240	26	24,745
	下士	420	796	22,310	240	13	23,979
	上等兵	2,100	1,194	11,640	1,560	65	16,559
	一等兵	1,920	2,587	3,880	360	26	8,273
	二等兵	1,200	3,184	4,850		39	9,273
	駕駛上士	360	796				1,156
	通信一級軍士	60					60
	通信二級軍士	60	199				259
	通信三級軍士	120	398				518
	小計	7,560	11,144	68,870	2,760	195	90,529
官兵合計		11,940	20,298	86,815	3,480	286	122,819
乘馬		960	1,393				2,353

部別區分		三十五年底已成立					
		師管區 56 個	團管區 175 個	新兵大隊 415 個	師管區軍醫院 21 個	團管區醫務所 11 個	官兵合計
官佐	中將	56					56
	少將	112	175				287
	上校	336	175				511
	中校	168	175	415	63	11	832
	少校	672	1,225		42	11	1,950
	上尉	1,344	2,450	3,320	147	11	7,272
	中尉	952	3,150	5,395		33	9,530
	少尉	448	700	4,150		11	5,309
	准尉			2,075			2,075
	小計	4,088	8,050	15,355	252	77	27,822
士兵	上士	784	700	2,905	126	22	4,537
	中士	448	1,050	19,505	84	22	21,109
	下士	392	700	19,090	84	11	20,277
	上等兵	1,960	1,050	9,960	546	55	13,571
	一等兵	1,792	2,275	3,320	126	22	7,535
	二等兵	1,120	2,800	4,150		33	8,103
	駕駛上士	336	700				1,036
	通信一級軍士	56					56
	通信二級軍士	56	175				231
	通信三級軍士	112	350				462
	小計	7,056	9,800	58,930	966	165	76,917
官兵合計		11,144	17,850	74,285	1,218	242	104,739
乘馬		896	1,225				1,121

附記

一、團管區內二等兵含新奉准加列之炊事兵，每團區三名，新兵大隊上等兵內含新加之號兵，每中隊一名、每大隊五名，均自三十六年一月起加列。

二、新兵大隊為計列便利計，全國應設數、係依蘇北、皖中師管區、豫、陝、甘、青、新之線（線上含）以北，每團管區三個大隊，以南二個大隊計列，實則須以後整軍情形將略有調整，又新兵大隊只計列官佐幹什兵，至新兵未列入統計數內。

三、凡編制兩級者均按高級計列。

附表三二　全國師團管區番號主官駐地一覽表

三十五年十月
兵役局製

省別	師管區				團管區			
	番號	職別	姓名	駐地	番號	職別	姓名	駐地
江蘇	蘇北師管區	司令	謝　錚	徐州	銅山團管區	司令	苗瑞體	銅山
						副司令	李白村	
		副司令	朱楚藩		東海團管區	司令	羅勛武	東海
						副司令		
		參謀長	陶鴻釗		宿遷團管區	司令	郭述先	宿遷
						副司令	朱明允	
	蘇東師管區	司令	劉秉哲	東台	東台團管區	司令	陳國泰	東台
						副司令	鄺文漢	
		副司令	劉康年		鹽城團管區	司令		鹽城
						副司令		
		參謀長	湯建偉		南通團管區	司令	袁　嘯	南通
						副司令	劉貫金	
	蘇西師管區	司令	張良莘	江都	江都團管區	司令	金　偉	江都
						副司令		
		副司令	李鈞國		淮陰團管區	司令	夏同彭	淮陰
						副司令	陳裕生	
		參謀長	歐陽與褚		泰縣團管區	司令	闞鵬飛	泰縣
						副司令	羅才傑	
	蘇南師管區	司令	周化南	鎮江	南京團管區	司令	梁國藩	南京
						副司令	金　璋	
		副司令	宣　壇		鎮江團管區	司令	何滌宇	鎮江
						副司令	裴毅傑	
		參謀長	張柏亭		無錫團管區	司令	蔡澗祺	無錫
						副司令	郭興壎	
	上海師管區	司令	傅正模	上海	上海團管區	司令	李顯凱	上海
						副司令	金　麟	
		副司令	李牧良		吳縣團管區	司令	杜　緒	吳縣
						副司令		
		參謀長	陳天僑		松江團管區	司令	呂一德	松江
						副司令	郭雲龍	

省別	師管區				團管區			
	番號	職別	姓名	駐地	番號	職別	姓名	駐地
浙江	浙北師管區	司令	夏季屏	杭州	杭州團管區	司令	魏超然	杭州
						副司令	馮　夔	
		副司令	林映東		嘉興團管區	司令	呂欽璜	嘉興
						副司令	陳　堯	
		參謀長	楊翹才		建德團管區	司令	夏存申	建德
						副司令	陳德寬	
	浙東師管區	司令	曹天戈	鄞縣	鄞縣團管區	司令	沈中立	鄞縣
						副司令	孟　淵	
		副司令	葉維浩		寧海團管區	司令	譚　權	寧海
						副司令	韋雋三	
		參謀長	陳　瀚		臨海團管區	司令	李守寬	臨海
						副司令	蕭定波	
	浙西師管區	司令	周振強	金華	金華團管區	司令	尹錫和	金華
						副司令	汪振遠	
		副司令	陳履旋		衢縣團管區	司令	錢鶴皋	衢縣
						副司令	葉　訥	
		參謀長	周　鼎		永嘉團管區	司令	葉　邁	永嘉
						副司令	宋夢法	

省別	師管區				團管區			
	番號	職別	姓名	駐地	番號	職別	姓名	駐地
安徽	皖北師管區	司令	焦其鳳	蚌埠	鳳陽團管區	司令	陳永立	鳳陽
						副司令		
		副司令	李　智		蒙城團管區	司令	段榮光	蒙城
						副司令	胡子儀	
		參謀長	嚴宏鼎		阜陽團管區	司令	卞大章	阜陽
						副司令	鄭廣傑	
	皖中師管區	司令	李才桂	合肥	巢縣團管區	司令	劉家同	巢縣
						副司令	黃聲催	
		副司令	陳　倬		六安團管區	司令	馬伯鵬	六安
						副司令	陳慶云	
		參謀長	李達材		桐城團管區	司令	卜如鵬	桐城
						副司令	鄭其昌	
	皖南師管區	司令	陳瑞河	懷寧	安慶團管區	司令	胡光烈	安慶
						副司令	陳士佩	
		副司令	阮永祺		宣城團管區	司令	劉志鵬	宣城
						副司令	文建勛	
		參謀長	劉　楙		休寧團管區	司令	胡化民	休寧
						副司令	孫仲滌	

省別	師管區				團管區			
	番號	職別	姓名	駐地	番號	職別	姓名	駐地
江西	贛北師管區	司令	唐三山	南昌	南昌團管區	司令	鍾同禮	南昌
						副司令	彭祝齡	
		副司令	婁紹凱		浮梁團管區	司令	詹　冲	浮梁
						副司令	曾也魯	
		參謀長	江　萍		南城團管區	司令	林勉新	南城
						副司令	唐日高	
	贛南師管區	司令	吳鶴雲	吉安	吉安團管區	司令	劉耿介	吉安
						副司令	劉堂極	
		副司令	朱致一		上高團管區	司令	歐陽柳	上高
						副司令	溫士偉	
		參謀長	張可法		贛縣團管區	司令	庾浩如	贛縣
						副司令	董世揚	

省別	師管區				團管區			
	番號	職別	姓名	駐地	番號	職別	姓名	駐地
湖北	鄂東師管區	司令	陳襄謨	武昌	咸寧團管區	司令	周文冕	咸寧
						副司令	吳基茂	
		副司令	劉倚衡		蘄春團管區	司令	胡牧球	蘄春
						副司令	李幹日	
		參謀長	楊經元		黃陂團管區	司令	廖明道	黃陂
						副司令	何德春	
	鄂中師管區	司令	孫定超	漢陽	隨縣團管區	司令	方　舟	隨縣
						副司令	陳　文	
		副司令	梅展翼		漢川團管區	司令	萬迪銘	漢川
						副司令	袁組恢	
		參謀長	吳　杰		沔陽團管區	司令	黃維一	沔陽
						副司令	樊孝琮	
	鄂西師管區	司令	幸　我	宜昌	宜昌團管區	司令	湯執中	宜昌
						副司令	胡皓魂	
		副司令			襄陽團管區	司令	石補天	襄陽
						副司令	楊光暄	
		參謀長	劉質之		鄖縣團管區	司令	黃雲山	鄖縣
						副司令	姚紹一	
					恩施團管區	司令	黃溥泉	恩施
						副司令	張保華	

<table>
<tr><th rowspan="2">省別</th><th colspan="4">師管區</th><th colspan="4">團管區</th></tr>
<tr><th>番號</th><th>職別</th><th>姓名</th><th>駐地</th><th>番號</th><th>職別</th><th>姓名</th><th>駐地</th></tr>
<tr><td rowspan="24">湖南</td><td rowspan="6">湘北
師管區</td><td rowspan="2">司令</td><td rowspan="2">王聲溢</td><td rowspan="6">常德</td><td rowspan="2">常德
團管區</td><td>司令</td><td>陳　賡</td><td rowspan="2">常德</td></tr>
<tr><td>副司令</td><td>姚順初</td></tr>
<tr><td rowspan="2">副司令</td><td rowspan="2">王宏謨</td><td rowspan="2">益陽
團管區</td><td>司令</td><td>胡繼援</td><td rowspan="2">益陽</td></tr>
<tr><td>副司令</td><td>彭述純</td></tr>
<tr><td rowspan="2">參謀長</td><td rowspan="2">周廉之</td><td rowspan="2">安化
團管區</td><td>司令</td><td>陳道民</td><td rowspan="2">安化</td></tr>
<tr><td>副司令</td><td>尹職夫</td></tr>
<tr><td rowspan="6">湘東
師管區</td><td rowspan="2">司令</td><td rowspan="2">馮　璜</td><td rowspan="6">長沙</td><td rowspan="2">長沙
團管區</td><td>司令</td><td>姚漸逵</td><td rowspan="2">長沙</td></tr>
<tr><td>副司令</td><td>羅萬卷</td></tr>
<tr><td rowspan="2">副司令</td><td rowspan="2">魏世綺</td><td rowspan="2">岳陽
團管區</td><td>司令</td><td>彭鴻猷</td><td rowspan="2">岳陽</td></tr>
<tr><td>副司令</td><td>劉東麓</td></tr>
<tr><td rowspan="2">參謀長</td><td rowspan="2">沈熙文</td><td rowspan="2">衡山
團管區</td><td>司令</td><td>鍾葉坤</td><td rowspan="2">衡山</td></tr>
<tr><td>副司令</td><td>何協之</td></tr>
<tr><td rowspan="6">湘西
師管區</td><td rowspan="2">司令</td><td rowspan="2">呂　康</td><td rowspan="6">沅陵</td><td rowspan="2">沅陵
團管區</td><td>司令</td><td>唐　德</td><td rowspan="2">沅陵</td></tr>
<tr><td>副司令</td><td>李鎮亞</td></tr>
<tr><td rowspan="2">副司令</td><td rowspan="2">張先正</td><td rowspan="2">邵陽
團管區</td><td>司令</td><td>朱厚福</td><td rowspan="2">邵陽</td></tr>
<tr><td>副司令</td><td>王　陶</td></tr>
<tr><td rowspan="2">參謀長</td><td rowspan="2">魏　翱</td><td rowspan="2">芷江
團管區</td><td>司令</td><td>蔣世儁</td><td rowspan="2">芷江</td></tr>
<tr><td>副司令</td><td>謝偉賢</td></tr>
<tr><td rowspan="6">湘南
師管區</td><td rowspan="2">司令</td><td rowspan="2">苟吉堂</td><td rowspan="6">衡陽</td><td rowspan="2">衡陽
團管區</td><td>司令</td><td>歐陽俊</td><td rowspan="2">衡陽</td></tr>
<tr><td>副司令</td><td>鄧竹修</td></tr>
<tr><td rowspan="2">副司令</td><td rowspan="2">游凌雲</td><td rowspan="2">桂陽
團管區</td><td>司令</td><td>黃鐳瑩</td><td rowspan="2">桂陽</td></tr>
<tr><td>副司令</td><td>周醒寰</td></tr>
<tr><td rowspan="2">參謀長</td><td rowspan="2">潘覺民</td><td rowspan="2">零陵
團管區</td><td>司令</td><td>李隆球</td><td rowspan="2">零陵</td></tr>
<tr><td>副司令</td><td>張仲範</td></tr>
</table>

<table>
<tr><th rowspan="2">省別</th><th colspan="4">師管區</th><th colspan="4">團管區</th></tr>
<tr><th>番號</th><th>職別</th><th>姓名</th><th>駐地</th><th>番號</th><th>職別</th><th>姓名</th><th>駐地</th></tr>
<tr><td rowspan="12">四川</td><td rowspan="6">川東
師管區</td><td rowspan="2">司令</td><td rowspan="2">戴　文</td><td rowspan="6">萬縣</td><td rowspan="2">萬縣
團管區</td><td>司令</td><td>余　量</td><td rowspan="2">萬縣</td></tr>
<tr><td>副司令</td><td></td></tr>
<tr><td rowspan="2">副司令</td><td rowspan="2">曾　魯</td><td rowspan="2">達縣
團管區</td><td>司令</td><td>游澤惠</td><td rowspan="2">達縣</td></tr>
<tr><td>副司令</td><td>李宗柏</td></tr>
<tr><td rowspan="2">參謀長</td><td rowspan="2">李秉綱</td><td rowspan="2">大竹
團管區</td><td>司令</td><td>張仲玉</td><td rowspan="2">大竹</td></tr>
<tr><td>副司令</td><td></td></tr>
<tr><td rowspan="6">川北
師管區</td><td rowspan="2">司令</td><td rowspan="2">蔣超雄</td><td rowspan="6">成都</td><td rowspan="2">成都
團管區</td><td>司令</td><td>胡國澤</td><td rowspan="2">成都</td></tr>
<tr><td>副司令</td><td>張子鴻</td></tr>
<tr><td rowspan="2">副司令</td><td rowspan="2">林茂華</td><td rowspan="2">劍閣
團管區</td><td>司令</td><td>蔣東魯</td><td rowspan="2">劍閣</td></tr>
<tr><td>副司令</td><td></td></tr>
<tr><td rowspan="2">參謀長</td><td rowspan="2">張　岑</td><td rowspan="2">茂縣
團管區</td><td>司令</td><td>葉嘉賓</td><td rowspan="2">綿竹</td></tr>
<tr><td>副司令</td><td>李濟中</td></tr>
</table>

省別	師管區番號	師管區職別	師管區姓名	師管區駐地	團管區番號	團管區職別	團管區姓名	團管區駐地
四川	川中師管區	司令	王公亮	遂寧	遂寧團管區	司令	蔡則行	遂寧
						副司令	張謀淵	
		副司令	孫織大		南充團管區	司令	黃世熏	南充
						副司令	鄒人豪	
		參謀長	馮士英		三台團管區	司令	張岱宗	三台
						副司令	費榮章	
	川西師管區	司令	黃占春	嘉定	嘉定團管區	司令	趙惠嘉	嘉定
						副司令	劉蜀麒	
		副司令	李彥生		邛崍團管區	司令	藍國斌	邛崍
						副司令	何季光	
		參謀長	張繼寅		簡陽團管區	司令	沈世忠	簡陽
						副司令	黃健農	
	川南師管區	司令		瀘縣	榮縣團管區	司令	張國維	榮縣
						副司令	劉澤膏	
		副司令	李華駿		隆昌團管區	司令	周朝生	隆昌
						副司令		
		參謀長	周良材		宜賓團管區	司令	黃勳文	宜賓
						副司令	程　遠	
	重慶師管區	司令	劉柔遠	重慶	巴縣團管區	司令	陳宏謨	巴縣
						副司令	許澤洲	
		副司令	周之再		江北團管區	司令	姚凌虛	江北
						副司令		
		參謀長	李性常		涪陵團管區	司令	王　華	涪陵
						副司令	郭宗龢	
					永川團管區	司令	萬金裕	永川
						副司令	李玉熙	

省別	團管區番號	職別	性別	駐地
西康	西康直轄團管區	司令	卿承廉	雅安
		副司令		

省別	師管區				團管區			
	番號	職別	姓名	駐地	番號	職別	性別	駐地
台灣	台灣師管區	司令	劉仲荻	台中	基隆團管區	司令	蔣碩英	基隆
						副司令	薛陶觀	
		副司令	黃國書		台中團管區	司令	鍾鳴暉	台中
						副司令	朱建華	
		參謀長	黃　健		高雄團管區	司令	黃連茹	高雄
						副司令	曾國民	

省別	師管區				團管區			
	番號	職別	姓名	駐地	番號	職別	性別	駐地
福建	閩北師管區	司令	譚道平	閩侯	建甌團管區	司令	潘　明	建甌
						副司令		
		副司令	吳振剛		福清團管區	司令	吳鶴予	福清
						副司令		
		參謀長	趙宗克		寧德團管區	司令	周　魯	寧德
						副司令		
	閩南師管區	司令	王祿豐	龍溪	龍溪團管區	司令	鄭　煜	龍溪
						副司令		
		副司令	蕭毓麟		龍岩團管區	司令	董　俊	龍岩
						副司令	李啟才	
		參謀長	童懋山		永春團管區	司令	楊贊文	永春
						副司令		

省別	師管區				團管區			
	番號	職別	姓名	駐地	番號	職別	性別	駐地
廣東	粵東師管區	司令	余程萬	潮安	潮安團管區	司令	韓　濯	潮安
						副司令		
		副司令			梅縣團管區	司令	蘇善熺	梅縣
						副司令	唐步陶	
		參謀長	姚俊庭		陸豐團管區	司令	陳廷邦	陸豐
						副司令		
	粵中師管區	司令	溫　靖	廣州	廣州團管區	司令	熊志一	廣州
						副司令	何仁傑	
		副司令			惠陽團管區	司令	蔡　波	惠陽
						副司令	周懷國	
		參謀長	張大華		中山團管區	司令	薛季良	中山
						副司令	鄭宗可	

省別	師管區				團管區			
	番號	職別	姓名	駐地	番號	職別	性別	駐地
廣東	粵北師管區	司令	廖　肯	曲江	曲江團管區	司令	陳中堅	曲江
						副司令	李承祺	
		副司令	喻英奇		清遠團管區	司令	雲春霖	清遠
						副司令	袁　雄	
		參謀長	黃逸羣		德慶團管區	司令	盧運從	德慶
						副司令		
	粵南師管區	司令	林　英	湛江市	茂名團管區	司令	魏漢華	茂名
						副司令	李家本	
		副司令	樓　月		台山團管區	司令	杜英璧	台山
						副司令		
		參謀長	韓　鵬		合浦團管區	司令	王詩萱	合浦
						副司令	許紹敏	
					儋縣團管區	司令		儋縣
						副司令		

省別	師管區				團管區			
	番號	職別	姓名	駐地	番號	職別	姓名	駐地
廣西	桂東師管區	司令	呂國銓	桂林	桂林團管區	司令	許斌元	桂林
						副司令	李　榮	
		副司令	楊兆祺		蒼梧團管區	司令	黃士鴻	蒼梧
						副司令	莫萬春	
		參謀長	林　徐		桂平團管區	司令	宋　珖	鬱林
						副司令	覃振元	
	桂西師管區	司令	李繩武	南寧	南寧團管區	司令	甘家駿	南寧
						副司令	盧　鉞	
		副司令	王建煌		柳州團管區	司令	韋載庠	柳州
						副司令	蘇一清	
		參謀長	汪文彥		百色團管區	司令	李文騏	百色
						副司令	黃定邦	

省別	師管區				團管區			
	番號	職別	姓名	駐地	番號	職別	姓名	駐地
貴州	黔東師管區	司令	楊 勃	鎮遠	思南團管區	司令	趙學琴	思南
						副司令	王超俊	
		副司令	劉鎮國		遵義團管區	司令	魏 紘	遵義
						副司令	趙 燾	
		參謀長	陳英偉		獨山團管區	司令	左世琳	獨山
						副司令	胡仲純	
	黔西師管區	司令	蕭大中	安順	貴陽團管區	司令	吳雙翺	貴陽
						副司令	夏運寅	
		副司令	任盛廉		安順團管區	司令	郭懷冰	安順
						副司令	傅爾康	
		參謀長	李杏農		興仁團管區	司令	邱廷皋	興仁
						副司令	朱夢麟	

省別	師管區				團管區			
	番號	職別	姓名	駐地	番號	職別	姓名	駐地
雲南	滇東師管區	司令	張言傳		昆明團管區	司令	施堯章	昆明
						副司令	滕俊武	
		副司令			昭通團管區	司令	周宗歧	昭通
						副司令		
		參謀長	黃培璡		文山團管區	司令	曾國民	文山
						副司令	蔣家駒	
	滇西師管區	司令	蘇令德	大理	麗江團管區	司令	郝標文	麗江
						副司令		
		副司令	馮春申		楚雄團管區	司令	稅 斌	楚雄
						副司令	張鎮英	
		參謀長	甘 澤		保山團管區	司令	朱韋楹	保山
						副司令		

<table>
<tr><th rowspan="2">省別</th><th colspan="4">師管區</th><th colspan="4">團管區</th></tr>
<tr><th>番號</th><th>職別</th><th>姓名</th><th>駐地</th><th>番號</th><th>職別</th><th>姓名</th><th>駐地</th></tr>
<tr><td rowspan="26">河北</td><td rowspan="8">冀北
師管區</td><td rowspan="2">司令</td><td rowspan="2">李兆鍈</td><td rowspan="8">天津</td><td rowspan="2">天津
團管區</td><td>司令</td><td>張慶炎</td><td rowspan="2">天津</td></tr>
<tr><td>副司令</td><td>張涵齡</td></tr>
<tr><td rowspan="2">副司令</td><td rowspan="2">劉子淑</td><td rowspan="2">昌黎
團管區</td><td>司令</td><td>艾明綱</td><td rowspan="2">昌黎</td></tr>
<tr><td>副司令</td><td></td></tr>
<tr><td rowspan="2">參謀長</td><td rowspan="2">張尊光</td><td rowspan="2">唐山
團管區</td><td>司令</td><td>趙作福</td><td rowspan="2">唐山</td></tr>
<tr><td>副司令</td><td></td></tr>
<tr><td rowspan="2"></td><td rowspan="2"></td><td rowspan="2">北平
團管區</td><td>司令</td><td>周振綱</td><td rowspan="2">北平</td></tr>
<tr><td>副司令</td><td></td></tr>
<tr><td rowspan="6">冀東
師管區</td><td rowspan="2">司令</td><td rowspan="2"></td><td rowspan="6">滄縣</td><td rowspan="2">滄縣
團管區</td><td>司令</td><td>張凌周</td><td rowspan="2">滄縣</td></tr>
<tr><td>副司令</td><td></td></tr>
<tr><td rowspan="2">副司令</td><td rowspan="2"></td><td rowspan="2">任邱
團管區</td><td>司令</td><td></td><td rowspan="2">任邱</td></tr>
<tr><td>副司令</td><td></td></tr>
<tr><td rowspan="2">參謀長</td><td rowspan="2"></td><td rowspan="2">交河
團管區</td><td>司令</td><td></td><td rowspan="2">交河</td></tr>
<tr><td>副司令</td><td></td></tr>
<tr><td rowspan="6">冀西
師管區</td><td rowspan="2">司令</td><td rowspan="2">宋邦榮</td><td rowspan="6">清宛</td><td rowspan="2">定縣
團管區</td><td>司令</td><td>辛惠東</td><td rowspan="2">定縣</td></tr>
<tr><td>副司令</td><td>馮　璽</td></tr>
<tr><td rowspan="2">副司令</td><td rowspan="2"></td><td rowspan="2">正定
團管區</td><td>司令</td><td>王果夫</td><td rowspan="2">正定</td></tr>
<tr><td>副司令</td><td></td></tr>
<tr><td rowspan="2">參謀長</td><td rowspan="2">張錫田</td><td rowspan="2">深縣
團管區</td><td>司令</td><td></td><td rowspan="2">深縣</td></tr>
<tr><td>副司令</td><td></td></tr>
<tr><td rowspan="6">冀南
師管區</td><td rowspan="2">司令</td><td rowspan="2"></td><td rowspan="6">邢台</td><td rowspan="2">邢台
團管區</td><td>司令</td><td></td><td rowspan="2">邢台</td></tr>
<tr><td>副司令</td><td></td></tr>
<tr><td rowspan="2">副司令</td><td rowspan="2"></td><td rowspan="2">大名
團管區</td><td>司令</td><td></td><td rowspan="2">大名</td></tr>
<tr><td>副司令</td><td></td></tr>
<tr><td rowspan="2">參謀長</td><td rowspan="2"></td><td rowspan="2">南宮
團管區</td><td>司令</td><td></td><td rowspan="2">南宮</td></tr>
<tr><td>副司令</td><td></td></tr>
</table>

<table>
<tr><th rowspan="2">省別</th><th colspan="4">師管區</th><th colspan="4">團管區</th></tr>
<tr><th>番號</th><th>職別</th><th>姓名</th><th>駐地</th><th>番號</th><th>職別</th><th>姓名</th><th>駐地</th></tr>
<tr><td rowspan="28">山東</td><td rowspan="8">魯東
師管區</td><td rowspan="2">司令</td><td rowspan="2">項傳遠</td><td rowspan="8">青島</td><td rowspan="2">萊陽
團管區</td><td>司令</td><td>王玉泉</td><td rowspan="2">暫駐
青島</td></tr>
<tr><td>副司令</td><td>王綸甫</td></tr>
<tr><td rowspan="2">副司令</td><td rowspan="2">齊國楮</td><td rowspan="2">濰縣
團管區</td><td>司令</td><td>袁樹奇</td><td rowspan="2">濰縣</td></tr>
<tr><td>副司令</td><td></td></tr>
<tr><td rowspan="2">參謀長</td><td rowspan="2">易維宏</td><td rowspan="2">文登
團管區</td><td>司令</td><td></td><td rowspan="2">文登</td></tr>
<tr><td>副司令</td><td></td></tr>
<tr><td rowspan="2"></td><td rowspan="2"></td><td rowspan="2">膠縣
團管區</td><td>司令</td><td>邱偉民</td><td rowspan="2">膠縣</td></tr>
<tr><td>副司令</td><td></td></tr>
<tr><td rowspan="8">魯北
師管區</td><td rowspan="2">司令</td><td rowspan="2">聶松溪</td><td rowspan="8">濟南</td><td rowspan="2">張店
團管區</td><td>司令</td><td>朱聲希</td><td rowspan="2">張店</td></tr>
<tr><td>副司令</td><td>穆嘉誠</td></tr>
<tr><td rowspan="2">副司令</td><td rowspan="2">蕭仲明</td><td rowspan="2">博山
團管區</td><td>司令</td><td>朱葆生</td><td rowspan="2">博山</td></tr>
<tr><td>副司令</td><td>王清三</td></tr>
<tr><td rowspan="2">參謀長</td><td rowspan="2">胡克一</td><td rowspan="2">惠民
團管區</td><td>司令</td><td></td><td rowspan="2">惠民</td></tr>
<tr><td>副司令</td><td></td></tr>
<tr><td rowspan="2"></td><td rowspan="2"></td><td rowspan="2">平原
團管區</td><td>司令</td><td>綦書坪</td><td rowspan="2">平原</td></tr>
<tr><td>副司令</td><td></td></tr>
<tr><td rowspan="6">魯西
師管區</td><td rowspan="2">司令</td><td rowspan="2"></td><td rowspan="6">東阿</td><td rowspan="2">東阿
團管區</td><td>司令</td><td></td><td rowspan="2">東阿</td></tr>
<tr><td>副司令</td><td></td></tr>
<tr><td rowspan="2">副司令</td><td rowspan="2"></td><td rowspan="2">聊城
團管區</td><td>司令</td><td></td><td rowspan="2">聊城</td></tr>
<tr><td>副司令</td><td></td></tr>
<tr><td rowspan="2">參謀長</td><td rowspan="2"></td><td rowspan="2">荷澤
團管區</td><td>司令</td><td>周名震</td><td rowspan="2">荷澤</td></tr>
<tr><td>副司令</td><td></td></tr>
<tr><td rowspan="6">魯南
師管區</td><td rowspan="2">司令</td><td rowspan="2">孫鳴玉</td><td rowspan="6">滋陽</td><td rowspan="2">莒縣
團管區</td><td>司令</td><td></td><td rowspan="2">莒縣</td></tr>
<tr><td>副司令</td><td></td></tr>
<tr><td rowspan="2">副司令</td><td rowspan="2">張觀羣</td><td rowspan="2">濟寧
團管區</td><td>司令</td><td>曹英麟</td><td rowspan="2">濟寧</td></tr>
<tr><td>副司令</td><td>王子龍</td></tr>
<tr><td rowspan="2">參謀長</td><td rowspan="2">謝代新</td><td rowspan="2">嶧縣
團管區</td><td>司令</td><td>謝景唐</td><td rowspan="2">嶧縣</td></tr>
<tr><td>副司令</td><td>劉輝漢</td></tr>
</table>

備考：平原未收復前暫駐濟南。

省別	師管區				團管區			
	番號	職別	姓名	駐地	番號	職別	姓名	駐地
山西	晉北師管區	司令		陽曲	大同團管區	司令	魏賓昌	大同
						副司令		
		副司令			榆次團管區	司令		榆次
						副司令		
		參謀長			靜樂團管區	司令		靜樂
						副司令		
	晉南師管區	司令	劉光斗	臨汾	臨汾團管區	司令		臨汾
						副司令		
		副司令	張　漪		運城團管區	司令	薛奉元	運城
						副司令		
		參謀長			長治團管區	司令		長治
						副司令		

省別	師管區				團管區			
	番號	職別	姓名	駐地	番號	職別	姓名	駐地
河南	豫東師管區	司令	張文清	開封	商邱團管區	司令	鄧年鈞	商邱
						副司令	郭猷武	
		副司令	高振鵬		蘭封團管區	司令	張耀勛	蘭封
						副司令	任振中	
		參謀長			鄭縣團管區	司令	賴　暉	鄭縣
						副司令		
					周家口團管區	司令	劉照藜	周家口
						副司令	胡皓白	
	豫北師管區	司令	王和華	新鄉	新鄉團管區	司令	王士俊	新鄉
						副司令	胡寄塵	
		副司令	曾潛英		安陽團管區	司令	周道昌	安陽
						副司令	何衡漳	
		參謀長	唐士淵		博愛團管區	司令	任廷材	博愛
						副司令	黃森林	

<table>
<tr><th rowspan="2">省別</th><th colspan="4">師管區</th><th colspan="4">團管區</th></tr>
<tr><th>番號</th><th>職別</th><th>姓名</th><th>駐地</th><th>番號</th><th>職別</th><th>姓名</th><th>駐地</th></tr>
<tr><td rowspan="12">河南</td><td rowspan="6">豫西
師管區</td><td rowspan="2">司令</td><td rowspan="2">李益羣
（代）</td><td rowspan="6">洛陽</td><td rowspan="2">洛陽
團管區</td><td>司令</td><td>傅良璧</td><td rowspan="2">洛陽</td></tr>
<tr><td>副司令</td><td></td></tr>
<tr><td rowspan="2">副司令</td><td rowspan="2">李益羣</td><td rowspan="2">鞏縣
團管區</td><td>司令</td><td>李孟鋭</td><td rowspan="2">鞏縣</td></tr>
<tr><td>副司令</td><td>蔡蕩夷</td></tr>
<tr><td rowspan="2">參謀長</td><td rowspan="2">汪憲</td><td rowspan="2">南陽
團管區</td><td>司令</td><td>熊再勛</td><td rowspan="2">南陽</td></tr>
<tr><td>副司令</td><td></td></tr>
<tr><td rowspan="6">豫南
師管區</td><td rowspan="2">司令</td><td rowspan="2">李德生
（代）</td><td rowspan="6">信陽</td><td rowspan="2">信陽
團管區</td><td>司令</td><td>戴齊平</td><td rowspan="2">信陽</td></tr>
<tr><td>副司令</td><td>馮陳豪</td></tr>
<tr><td rowspan="2">副司令</td><td rowspan="2">李德生</td><td rowspan="2">郾城
團管區</td><td>司令</td><td>劉繼向</td><td rowspan="2">郾城</td></tr>
<tr><td>副司令</td><td></td></tr>
<tr><td rowspan="2">參謀長</td><td rowspan="2">陳淅潮</td><td rowspan="2">潢川
團管區</td><td>司令</td><td>楊　莊</td><td rowspan="2">潢川</td></tr>
<tr><td>副司令</td><td></td></tr>
</table>

省別	團管區			
	番號	職別	姓名	駐地
熱河	熱河直轄團管區	司令	楊守德	承德
		副司令		

省別	團管區			
	番號	職別	姓名	駐地
察哈爾	察哈爾直轄團管區	司令	康博纓	張家口
		副司令	王翰卿	

省別	團管區			
	番號	職別	姓名	駐地
綏遠	綏遠直轄團管區	司令	白楨（代）	歸綏
		副司令		

省別	師管區				團管區			
	番號	職別	姓名	駐地	番號	職別	姓名	駐地
遼寧	遼東師管區	司令	趙錫慶	瀋陽	瀋陽團管區	司令	關企遠	瀋陽
						副司令	李柱華	
		副司令	于天龍		遼陽團管區	司令	林德溥	遼陽
						副司令		
		參謀長	王 鍈		蓋平團管區	司令	張占中	暫駐營口
						副司令		
	遼西師管區	司令	黃永安	錦州	錦州團管區	司令	周古初	錦州
						副司令		
		副司令	林萬生		新民團管區	司令	張振林	新民
						副司令		
		參謀長	李克莊		黑山團管區	司令	孟昭毅	黑山
						副司令		

省別	團管區			
	番號	職別	姓名	駐地
安東	安東團管區	司令	唐永阜	安東
		副司令		

省別	團管區			
	番號	職別	姓名	駐地
遼北	遼北直轄團管區	司令	鄭殿起	四平街
		副司令		

省別	師管區				團管區			
	番號	職別	姓名	駐地	番號	職別	姓名	駐地
吉林	吉林師管區	司令	李寓春	長春	長春團管區	司令	李樹桂	長春
						副司令	陳烈新	
		副司令	方傳進		永吉團管區	司令	周振聲	永吉
		參謀長	韓雲武			副司令		

省別	團管區			
	番號	職別	姓名	駐地
松江	松江直轄團管區	司令		哈爾濱
		副司令		

省別	團管區			
	番號	職別	姓名	駐地
合江	合江 團管區	司令		佳木斯
		副司令		

省別	團管區			
	番號	職別	姓名	駐地
黑龍江	黑龍江 直轄團管區	司令		北安
		副司令		

省別	團管區			
	番號	職別	姓名	駐地
嫩江	嫩江 直轄團管區	司令		龍江
		副司令		

省別	團管區			
	番號	職別	姓名	駐地
興安	興安 直轄團管區	司令		海拉爾
		副司令		

省別	師管區				團管區			
	番號	職別	姓名	駐地	番號	職別	姓名	駐地
陝西	陝北 師管區	司令	何　蕃	西安	西安 團管區	司令	樊澤春	西安
						副司令		
		副司令	冀賡亮		膚施 團管區	司令		膚施
						副司令		
		參謀長	胡光孝		大荔 團管區	司令	柏可清（代）	大荔
						副司令		
	陝南 師管區	司令	彭戢光	南鄭	南鄭 團管區	司令	季凌雲	南鄭
						副司令	樊　雄	
		副司令	封高億		寶雞 團管區	司令	樊雨農（代）	寶雞
						副司令		
		參謀長	嚴仲翔		安康 團管區	司令	李書裕	安康
						副司令	陳連城	

省別	師管區				團管區			
	番號	職別	姓名	駐地	番號	職別	姓名	駐地
甘肅	甘肅師管區	司令	胡松林	蘭州	平涼團管區	司令	龍世章	平涼
						副司令		
		副司令			天水團管區	司令	鄭士瑞	天水
						副司令		
		參謀長	韓漢屏		武威團管區	司令	潘盈漢	武威
						副司令		

省別	團管區			
	番號	職別	姓名	駐地
寧夏	寧夏直轄團管區	司令	黨維清	寧夏
		副司令		

省別	團管區			
	番號	職別	姓名	駐地
青海	青海直轄團管區	司令	馬成韶	西寧
		副司令		

省別	師管區				團管區			
	番號	職別	姓名	駐地	番號	職別	姓名	駐地
新疆	新疆師管區	司令		迪化	迪化團管區	司令		迪化
						副司令		
		副司令			阿克蘇團管區	司令		阿克蘇
						副司令		
		參謀長			和闐團管區	司令		和闐
						副司令		

第四節　兵役幹部之訓練

為配合新設師團管區之分期成立，亟須訓練兵役幹部，以求人力之健全，爰於三十五年四月擬訂中央訓練團兵役研究班設置計劃，奉准實施，並先行召集兵役高級幹部（師管區司令、副司令、參謀長，團管區司令、副司令），該班班本部及所屬第一期兩個中隊，於五月間成立，當即積極籌劃召訓事宜，其步驟規定，先甄審資格及體格檢查，始行入班受訓。

關於施政方針，係始受訓人員確實了解重要兵役法令，熟習兵役行政實施技術，以及研究改進兵役制度，進而達成建軍建國之使命。

中訓團兵役研究班第一期於八月八日開學，計召集中少將上校級備選人員共一九三員，訓練時間為兩週，九月八日結業，經分別派為師管區司令、副司令、參謀長及部屬參謀等職。第二期於十一月四日開學，計召集中少將上校人員共三〇五員，訓練時間三週，十一月二十五日結案，分派為軍管區督導專員，師管區司令、副司令、參謀長，團管區司令、副司令等職，第二期召訓計劃及課程時間預定表一、二兩期召訓學員職務分派，兵役班第三期以後之召訓，及各管區下級兵役人員之訓練，預定三十六年度繼續辦理。

第五節　兵員之徵募補充

第一款　停徵期間各部隊缺額之補充

一、整補

停徵期間，各部隊缺額，仍須設法予以補充，以維國防武力，在本年一月間曾經前軍政部軍務署擬訂陸軍整編方案，付諸實施，利用編餘兵員，擇優撥補，並以華北、華中等地區偽雜部隊及管區裁撤之補充團與各地衛生機關病傷健愈士兵分別指撥補充，而停徵補充艱難時期方克渡過，茲將辦理經過，特要各項概要如左：

（一）關於整編補撥

東北駐軍之十三、五二兩軍缺額，經飭就收

編偽雜部隊撥補一萬名，駐新部隊缺三萬九千名，經由豫鄂兩省抽調游雜部隊改編之十個團，及青年軍徵集之三個團，共十三個團，車運補充，以及其他各部隊，由整編各軍師編餘士兵及偽雜部隊撥補者共計一〇〇、九三三名，其撥補情形如附表三三。

（二）關於裁撤補充團士兵撥補

三十五年一月間，全國各師團管區尚保留八十二個團底，另四個營底，總共保留官佐八、五〇五員，士兵三二、〇二六名，此項補充團底，經奉准與原有師團管區，同時裁撤，所有裁餘士兵，經指撥各部隊接領補充，其配撥情形如附表三四。

（三）關於傷病健愈士兵撥補

為開拓兵源，曾經核由全國陸軍醫院，及兵站醫院傷病健愈士兵，指撥各部隊補充，截止本年十二月底止，共撥補三、六六九名，其配撥情形如附表三五。

二、募補

三十四年八月抗戰勝利，奉令停徵期間，關於各部隊逃亡缺額之補充，曾經依據兵役法第二十八條募集志願兵之規定，擬具「停徵期間各部隊兵員補充辦法」，凡志願兵募集事務，由兵役機關統籌辦理，各部隊缺額，應報由軍政部按國家實際需要決定其應補數額，再予募補，經通飭施行在案，除經核准之整編陸軍師及特種部隊，已就整編編餘兵員撥補外，其餘各部隊本年募補人數至十二月底止，共募到一三〇、六九九名，其募補詳情如附表三六。

第二款　臨時緊急徵兵之實施

一、徵額配賦

為補充國軍，因復員退伍及其他事故所發生之缺額，經於本年七月間，決定本年臨時緊急徵兵方案，並依據各地區交通狀況、治安情形及人口數量，與各地區需要補充情形，將應徵兵額適宜配賦於各省，由各省轉配於各縣，以施徵集，計東北配徵八萬名，山東徵募六萬名，隴海線及其以北地區配徵三十萬零二千名，長江流域及其以南地區配徵三十萬名，共配徵七十萬零二千名，並按各地配補實際情形，分別擬具臨時配兵實施綱要及實施辦法，先後由國府電令頒發實施，並規定不待師團管區成立，由軍管區或省政府督飭各縣辦理，隴海線及其以北臨時徵兵綱要及實施辦法與臨時抽籤之規定，見三十五年度兵役法規輯要，其餘與徵集補充情形，如附表三七、三八。

二、接送新兵機構之設置

過去接送新兵機構，除設置補訓處外，並於各師管區設置補充團一至三個，擔任接送，尚稱便利，本年徵兵，為援照以往舊例，以便接收管訓送撥起見，經奉准於師團區設置新兵大隊，此項新兵大隊，將來接送新兵任務完畢後，再視補充兵役訓練需要程度，斟酌改為補充兵訓練團營。

三、運輸

長江以南各省，配撥各部隊兵額，曾經依照本年臨時徵兵實施辦法第十四條「新兵大隊送撥新兵距離在二百公里以上者利用車船運輸為原則」之規定，會商聯勤總部運輸署斟酌目前交通狀況，擬訂運輸計劃表，施行以來，尚能切合實際。

四、重要事項之規定

本年臨時徵兵實施辦法，雖按各地區實際情形分別擬訂頒發，但關於徵募細事，如部隊接兵不得隨意剔除、新兵交接逾期之處分、壯丁在徵集所食糧之規定，以及八月以後收復地區之緩徵調撥，與徵撥壯丁按旬按月報表之規定等均未詳載，為適應事實需要，以期圓滿達成此次緊急徵兵任務，經分別擬訂電令通飭施行，至徵集安家費以及薪餉、糧服、武器等之補給，均與有關機關密切聯繫會同籌劃。

第三款　保安團隊之抽調與青年軍之補充

一、保安團隊之抽調

本年九月間江南各省師團管區尚未成立，與各部隊待補急如星火，為適應補充需要，經由閩、浙、贛、粵、湘、桂、鄂、川、黔、滇等十省抽調保安團士兵共三萬九千人分別撥補各綏靖部隊，並規定此項兵額准在本年臨時徵額內扣抵，如附表三九。

二、青年軍之補充

青年軍第二〇二、二〇三、二〇五、二〇六、二〇七、二〇八等師缺額，奉主席蔣十二月六日機密甲字第一〇〇四四號手令，限三十六年元月底補齊，各師缺額經配由川、鄂、湘、桂等省徵撥補充，其配補情形如附計八。

附表三三　停徵期間各部隊編餘士兵撥補一覽表

三十五年十二月
兵役局第二處製

序列	撥補人數
東北行轅	3,929
北平行轅	14,405
重慶行轅	4,000
武漢行轅	4,433
西北行轅	11,314
第二戰區	997
徐州綏署	32,291
鄭州綏署	29,564
合計	100,933

附表三四　停徵期間各部隊缺額以各師區裁撤補充團士兵撥補一覽表

師區名稱	接收部隊番號	交接人數
成茂師區	九五軍	158
綿廣師區	九五軍	145
嘉峨師區	七八師	91
資簡師區	七九軍	74
榮威師區	九三軍	64
敘南師區	七九軍	226
邛大師區	暫二師	315
涪酉師區	工廿四團	74
瀘永師區	學兵總隊	45
隆富師區	學兵總隊	66
渝江師區	十四軍	82
廣合師區	十四軍	115
永榮師區	重慶衛戍總部特務團	147
樂安師區	一九四師	41
劍平師區	新九師	190
萬忠師區	砲四八團	141
夔巫師區	砲四八團	194
達梁師區	砲四八團	100
通南師區	新九師	189
潼蓬師區	七九軍	80
遂武師區	一九四師	125
順營師區	一二六師	183
貴節師區	黔保六團	166
安興師區	砲十二團	62
	黔保三團	116
遵婺師區	黔保安團隊	236
鎮獨師區	黔保安團隊	228
梅揭師區	虎門要塞	277
肇清師區	五四軍	280
南韶師區	五四軍	251
惠龍師區	五四軍	346
羅雲師區	學兵總隊步一團	121
茂陽師區	六四軍	158
欽廉師區	四六軍	166
瓊崖師區	海南島警備司令部	65
鬱潯師區	桂保四團	158
桂柳師區	二十軍	209
田邕師區	二十軍	170

師區名稱	接收部隊番號	交接人數
沅永師區	四四師	171
建延師區	保九團	72
福閩師區	保四團	206
龍漳師區	保三團	116
泉安師區	保九團	83
莆永師區	保一團	137
臨黃師區	一〇〇軍	111
麗雲師區	整四九師	64
金衢師區	二一軍	128
蘭嘉師區	監二團	192
永樂師區	砲七團	108
貴徽師區	第七軍	一律退伍
阜穎師區	三十軍	125
坏太師區	五軍械總庫	230
合六師區	新十旅	73
蒙亳師區	六八軍	99
吉泰師區	四軍	89
贛南師區	四軍	278
饒梁師區	六七師	158
南潯師區	六七師	125
清萍師區	六七師	133
南撫師區	六七師	125
常益師區	二六軍	62
湘寧師區	二六軍	97
桂郴師區	二六軍	159
澧慈師區	二六軍	56
芷綏師區	四〇師	66
恩宜師區	五六軍	31
襄棗師區	三十二軍	18
	鄂保安團	158
鄖均師區	八四後方醫院	65
	鄂保安大隊	29
陵都師區	七十二軍	48
鎮新師區	十五軍	220
潢商師區	十五軍	132
長成師區	工七團	55
鳳邠師區	工七團	48
漢中師區	工七團	23
安石師區	工七團	60
華潼師區	工七團	該區士兵一律退伍
孝石師區	三三軍	241

師區名稱	接收部隊番號	交接人數
吉永師區	一九軍	181
絳榮師區	三四軍	214
昆宜師區	種馬牧場	72
昭宜師區	暫二四師	士兵一律退伍
騰大師區	暫二軍	士兵一律退伍
楚寧師區	暫二軍	士兵一律退伍
建文師區	第三行政專署	50
隴右師區	甘保安團	88
隴東師區	一〇七師	208
隴南師區	甘保六團	235
河西師區	九一軍	274
西昌團區	康保安團	48
青海師區	青保安團	36
合計		11,586

附表三五　卅五年度（含停徵其間）各後方醫院及兵站醫院、休養院愈兵撥補一覽表

卅六年度元月廿五日止

院別	駐地	愈（餘）兵數	核撥單位	接收單位	接收人數	接收時間或文號及備考
第二後院	嘉興	105		整六五師	105	9/1，軍醫署轉報
第十二站院	徐州	47		六九師 七四師	21 26	8/31，軍醫署轉報
第五九後院	黃浦	139		海南要塞	139	9/4，軍醫署轉報
南京陸院	湯山	3		整八三師	3	7/27，軍醫署轉報
第七休院	天柱			工十五團	21	7/28，軍醫署轉報
天津陸院	天津			九四軍	22	6/11，軍醫署轉報
第二九後院				一三一旅	88	6/15，軍醫署轉報
南京陸院	湯山			七四軍	6	8/14，軍醫署轉報
第六休院	息烽			一四軍	80	8/14，軍醫署轉報
第六休院	息烽			軍委會特二團	138	8/14
第五休院	晃縣			九六師	69	8/14
第五休院	晃縣	209	武漢行轅指撥	整二〇師	36	武漢行轅亥元電
第四九後院	長壽	25	重慶行轅指撥	整一〇師	26	9/17
第五二後院	成都	12	重慶行轅指撥	整三九師	12	
第四休院	萬縣	300	重慶行轅指撥	整一〇師	117	12/1
重慶六分院	重慶	39	重慶行轅指撥	整一〇師	39	
第二八後院	沅陵	56	武漢行轅指撥	整二〇師	35	12 月
第二休院	瑞金	347	武漢行轅指撥	整六三師		該師戌東電，該項愈兵全屬殘廢，多攜妻子，請免
第十後院	泰和	10	武漢行轅指撥	整六三師		撥在案
第四八後院	郥陽	185	武漢行轅指撥	整六三師	185	
第五五後院	酒泉	31	西北行轅指撥	新四旅	31	西北行轅西虞電
第八五站院	蘭州	7	西北行轅指撥	一七師	7	
第八六站院	天水	35	西北行轅指撥	一七師	5	

院別	駐地	愈（餘）兵數	核撥單位	接收單位	接收人數	接收時間或文號及備考
第三七後院	彌渡	68	雲南警備司令部	九三旅	68	雲南警備司令部酉魚代電
南京陸院	湯山	61		七四軍	6	該院亥寢電74A接收6名，歸隊46員名，轉院者9名
第六八後院	涇陽	52	第一戰區			未復
第七〇後院	隴縣	239	第一戰區			
第七六後院	郿縣	40	第一戰區			
第六九後院	洛陽	186	鄭州綏署			未復
第四八站院	臨穎	29	鄭州綏署			
第四一站院	鄭州	62	鄭州綏署			
第五一站院	漯河	24				未復
第六七後院	商邱	3				未復
第六休院	息烽	503		步兵學校	39	陸總部子寒電，該校僅挑去39名，其餘均不堪服役
第七後院	天柱	148		黔東師區	148	36/1/4
第四〇後院	遵義	62		步兵學校	62	
第三休院	浦城	259	衢州綏署	整六五師	188	10/13
第一六後院	蘭溪	18	衢州綏署	整六五師	18	10/13
第九後院	鳳陽	6	徐州綏署	整八三師	6	10/1
第七一後院	褒城	5	第一戰區			未復
第七三後院	盩厔	2	第一戰區			
第八二後院	安康	39	第一戰區			
第十休院	西安	468	第一戰區			
第七七後院	臨汾	8	第二戰區	六一軍	8	第二戰區西巧電
第九二後院	太原	27	第二戰區	暫四九師	27	
第四七後院	師汾	8	第二戰區	六一軍	8	
第七八後院	太谷	19	第二戰區	整四九旅	19	
第二休院				整五六師	40	8月
第三〇後院	四平街		東北行轅			未復
第八一後院	漯河	10	鄭州綏署			未復
第十四後院	滁縣			六九師	21	9/24
第十六後院	蘭溪			整六五師	23	9/26
第十八臨教院	富平	89	第一戰區			未復
第十七後院		168		六九師	168	軍醫署電報
第四站院		31	徐州綏署	工十五團	31	徐州綏署電
第八後院	武昌	22	武漢行轅	砲四二團	22	10/30
第十九後院		333	武漢行轅	整六三師	333	10/30

院別	駐地	愈（餘）兵數	核撥單位	接收單位	接收人數	接收時間或文號及備考
第六後院 第廿三後院		23	武漢行轅	工六團	23	武漢行轅西巧代電
第十五後院 第十九後院		187	武漢行轅	工六團	187	
第廿六後院		15	武漢行轅	工六團	15	
第五五後院		73	東北保安部指撥			未復
第七四後院		33	第一戰區指撥			未復
遵義醫院		80		工十五團	80	聯總部核准
第六休院	息烽	190		二百師	60	貴總供應局電
第十休院	西安			整三一旅	23	10/4，第四善後區管理局報告
第十三臨教院	天水	127		嵩明牧馬場	50	第四善後區管理局報告
第十三臨教院	天水	127		第八補給區	77	第四善後區管理局報告
第十休院	西安			整三六師	92	10 月
第八休院	江津			砲四二團	5	11/1
第一休院	安寧	266		海南島要塞部	83	12/18
第十四後院	滁縣	19		整六九師	19	軍醫署卅五年十二月二日報告
第九後院	鳳陽	28		整六九師	28	
第十三後院	蕪湖	29		整六九師	29	
第十七後院	徐州	168		整六九師	168	
第四站院	徐州	8		整六九師	8	
第十二站院	徐州	66		整六九師	66	
第十休院	西安	33	武漢行轅	整六三師	33	
第十休院	西安	55	武漢行轅	整六三師		仍核由該師接領，尚未復
第一〇一後院	江灣	48		整六五師	48	
第二休院	瑞金	100		贛南師區		未復
第一休院	南寧	160	廣州行轅			未復
第十一休院	雲南驛	60	雲南警備司令部			未復
第八休分院		65		整七九師	65	12/21，軍醫署呈
第八休院	江津			整七九師	65	12 月，軍醫署呈
合計					3,669	

附表三六　停徵期間全國各部隊募補人數一覽表

三十五年十二月
兵役局第二處製

序列	募補人數
東北行轅	7,475
北平行轅	7,983
武漢行轅	389
西北行轅	11,883
徐州綏署	605
鄭州綏署	600
第一戰區	3,456 內有整八五師 640 名，豫東志願兵總隊 2,816 名（第七補給區子佳裕溥代電轉報聯勤總部）
第二戰區	6,450
憲兵部隊	24,150
青年軍各師	48,610
國府警衛總隊	2,000
東北鐵路警察總局	12,000
戰車二團	89
砲兵學校	40
汽車技術班	1,080
整四六師	1,399
北平高射炮營	600
通信五團	390
交警總局	1,500
合計	130,699

附表三七　三十五年度臨時徵兵各省徵集情形一覽表

三十五年十二月
兵役局第二處

地區	省別	配徵額	徵交情形			
			已徵數	已交數	送交及待交數	欠徵數
東北地區	遼寧	28,667	80,210	80,210		
	遼北	23,167				
	吉林	20,500				
	熱河	7,666				
	合計	80,000	80,210	80,210		
隴海線及其以北	山西	30,000	21,646	21.646		
	江蘇	12,000	12,078	9,763	2,315	
	安徽	52,000	35,830	35,830		16,170
	河北	43,500	24,031	19,765	4,266	19,469
	綏遠	4,500	25,300	25,300		
	河南	102,000	28,247	38,247		63,753
	陝西	28,000	10,030	10,030		17,970
	甘肅	18,000	1,004	453	551	16,996
	寧夏					
	青海					
	合計	290,000	168,166	171,034	7,132	34,358
山東		60,000	50,159	50,159		9,141
長江流域及其以南地區	江蘇	20,500	12,752	5,067	7,685	7,748
	安徽	7,600	2,305	2,305		5,295
	浙江	27,200	11,863	3,749	8,114	15,337
	福建	14,400	5,618	2,754	2,864	8,782
	江西	17,700	5,935	2,687	3,248	11,765
	湖北	31,500	12,279	2,256	10,025	19,221
	湖南	35,700	15,585		15,585	20,115
	廣東	39,600	8,799	1,957	6,842	30,801
	廣西	18,000	16,521		16,521	1,479
	西康	2,000				2,000
	貴州	12,800	5,169	1,135	4,034	7,631
	雲南	12,800	2,400		2,400	10,400
	四川	60,200	1,000		1,000	59,200
	合計	300,000	100,226	21,910	78,316	199,774
總計		730,000	408,761	323,313	85,448 註一	343,973 註二

附註

一、待撥數 85,448 名內有 12,092 名，係未核定配撥各部隊，暫在收訓待命者。

二、照配額與已徵數比較應欠徵 321,239 名，但綏遠、東北、山西等省超交 22,734 名，故各省欠額總數為 343,973 名。

表三八　三十五年度全國陸軍各部隊兵員補充情形一覽表

三十六年元月七日
兵役局第二處調製

東北行轅／東北保安司令部／杜聿明／六個軍				
缺額（截至十月底止）		75,261		
已接補數		80,210		
欠補數		+4,949		
配徵數		送撥數	待撥數	欠數
省別	人數			
遼寧	28,667	28,667		
遼北	23,167	23,167		
吉林	20,500	20,716		
熱河	7,666	7,666		
小計	80,000	80,210		
備考		該四省實徵 72,938 名，由各部隊招募 7,272 名，准抵額共 80,210 名。		

鄭州綏署／第一戰區／胡宗南／二個整編師 ／第四綏區／劉汝明／二個整編師 ／第五綏區／孫震　／三個整編師 ／直屬　　／　　　／二個整編師				
缺額（截至十月底止）		86,182		
已接補數		45,858		
欠補數		40,324		
配徵數		送撥數	待撥數	欠數
省別	人數			
陝西	28,000	10,030		17,970
四川	6,000		1,000	5,000
河南	96,000	35,393		60,547
河北		435		
小計	130,000	45,858	1,000	83,517
備考		河南配額 96,000 名，已交鄭州綏署 35,393 名，本部 60 名，故欠徵 60,547 名。		

徐州綏署／第一綏區／李默庵／五個整編師、一個師 ／第二綏區／王耀武／五個軍、一個整編師 ／第三綏區／馮治安／二個整編師 ／第八綏區／夏威　／二個整編師 ／直屬　　／　　　／二個軍、九個整編師				
缺額（截至十月底止）		141,858		
已接補數		117,467		
欠補數		24,391		
配徵數		送撥數	待撥數	欠數
省別	人數			
山東	60,000	50,159		9,841
廣東	15,000	1,957		13,043
福建	9,000	2,754	2,864	3,382
浙江	19,500	3,599	824	7,787
安徽	51,700	35,849		15,851
江蘇	26,500	14,830	10,000	1,670
河南	6,000	2,794		3,206
江西	5,000	1,988	3,012	
湖南	8,500		7,000	1,500
湖北	2,500	2,245		255
廣西	2,500		2,500	
貴州	2,500	750	1,750	
雲南	3,500		2,400	1,100
河北		542		
小計	212,200	117,467	37,640	57,635
備考		河北送到新兵 542 名，係部隊調動所得之數，故無配數。		

北平行轅／第十一戰區／孫連仲／五個軍、一個整編師 ／第十二戰區／傅作義／三個軍、三個師、三個旅				
缺額（截至十月底止）		71,057		
已接補數		42,542		
欠補數		28,515		
配徵數		送撥數	待撥數	欠數
省別	人數			
河北	43,500	17,242	4,266	19,469
江西	10,000		236	9,764
綏遠	4,500	25,300		
小計	58,000	42,542	4,502	29,233
備考		綏遠超徵 20,800 名。		

西北行轅／新疆警備總部／宋希濂／二個軍、三個旅 ／河北警備總部／李鐵軍／一個軍 ／寧青總隊　／　／三個整編師、三個旅				
缺額 （截至十月底止）		52,944		
已接補數		453		
欠補數		52,491		
配徵數		送撥數	待撥數	欠數
省別	人數			
甘肅	18,000	453	551	16,996
四川	20,000			20,000
湖北	4,000			4,000
小計	42,000	453	551	40,996

第二戰區／閻錫山／五個軍				
缺額 （截至十月底止）		37,216		
已接補數		31,546		
欠補數		1,070		
配徵數		送撥數	待撥數	欠數
省別	人數			
山西	30,000	31,646		
備考		山西超徵 1,646 名。		

武漢行轅／程潛／五個整編師				
缺額 （截至十月底止）		10,884		
已接補數				
欠補數		10,884		
配徵數		送撥數	待撥數	欠數
省別	人數			
四川	8,000			8,000
湖北	6,000		4,000	2,000
小計	14,000		4,000	10,000

重慶行轅／張羣／兩個整編師、一個整編旅				
缺額（截至十月底止）		8,090		
已接補數				
欠補數		8,090		
配徵數		送撥數	待撥數	欠數
省別	人數			
四川	5,000			5,000
雲南	4,000			4,000
小計	9,000			9,000

廣州行轅／張發奎／一個整編師				
缺額（截至十月底止）		6,482		
已接補數				
欠補數		6,482		
配徵數		送撥數	待撥數	欠數
省別	人數			
廣東	6,650			6,650

衢州綏署／余漢謀／一個整編師				
缺額（截至十月底止）		2,070		
已接補數				
欠補數		2,070		
配徵數		送撥數	待撥數	欠數
省別	人數			
四川	2,100			2,100
浙江	800			800
小計	2,900			2,900

首都衛戍司令部／湯恩伯／一個整編師				
缺額（截至十月底止）		2,963		
已接補數		1,925		
欠補數		1,038		
配徵數		送撥數	待撥數	欠數
省別	人數			
安徽	3,300	1,925		1,375
廣東	1,000		1,000	
浙江	600			600
小計	4,900	1,925	1,000	1,975

臺灣警備部／陳儀／一個整編師				
缺額（截至十月底止）		557		
已接補數				
欠補數		557		
配徵數		送撥數	待撥數	欠數
省別	人數			
福建	560			560

特種部隊／砲兵十二個團、工兵十八個團、 通信兵八個團十一個營 輜重兵二五個團、鐵道兵三個團、裝甲兵一個總隊 要塞十個司令部五個籌備處、青年軍六個師				
缺額（截至十月底止）		92,770		
已接補數		3,282		
欠補數		89,588		
配徵數		送撥數	待撥數	欠數
省別	人數			
四川	8,490			8,490
雲南	5,000			5,000
貴州	1,700	385	1,315	
西康	1,000			1,000
廣東	8,621		5,842	2,779
福建	840			840
湖北	14,735	11	5,768	8,956
湖南	12,696		8,585	4,111
江西	2,500	699		1,801
廣西	3,134		3,134	
浙江	4,700	150		4,550
安徽	4,200	361	19	3,280
河北		1,546		
河南		60		
小計	67,616	3,212	24,663	41,347
廣西等省控制兵			12,092	

總計			
缺額（截至十月底止）	583,834		
已接補數	323,313 註一		
欠補數	260,521		
配徵數	送撥數	待撥數	欠數
557,826	323,313	85,448	149,065
備考	註一： 已接補 323,313 名，包括東北超接數 4,949 名在內，北平行轅已接補數包括綏遠十二戰區超接數 20,800 名在內。		

表三九　長江以南十省抽調保安團士兵集中送撥情形表

三十五年十二月
兵役局第二處調製

<table>
<tr><td colspan="5">浙江／沈鴻烈</td></tr>
<tr><td colspan="4">抽調人數</td><td>4,500</td></tr>
<tr><td rowspan="7">原規定集中送撥辦法</td><td rowspan="3">集中</td><td colspan="2">人數</td><td>4,500</td></tr>
<tr><td colspan="2">時間</td><td>九月中旬</td></tr>
<tr><td colspan="2">地點</td><td>杭州</td></tr>
<tr><td rowspan="4">送撥</td><td colspan="2">人數</td><td>4,500</td></tr>
<tr><td colspan="2">時間</td><td>九月下旬</td></tr>
<tr><td colspan="2">地點</td><td>上海</td></tr>
<tr><td colspan="2">撥交部隊</td><td>49D</td></tr>
<tr><td rowspan="16">據報集中送撥情形</td><td rowspan="4">集中</td><td colspan="2">人數</td><td>3,000</td></tr>
<tr><td colspan="2">時間</td><td>申刪</td></tr>
<tr><td colspan="2">地點</td><td>杭州、嘉興、永嘉、吳興</td></tr>
<tr><td colspan="2">呈報文號</td><td>申馬電</td></tr>
<tr><td rowspan="12">送撥</td><td rowspan="4">出發</td><td>人數</td><td>3,000</td></tr>
<tr><td>時間</td><td>申有</td></tr>
<tr><td>地點</td><td>杭州</td></tr>
<tr><td>領隊</td><td></td></tr>
<tr><td rowspan="3">到達</td><td>人數</td><td>2,850</td></tr>
<tr><td>時間</td><td>申陷</td></tr>
<tr><td>地點</td><td>上海</td></tr>
<tr><td rowspan="5">交接</td><td>人數</td><td>2,484</td></tr>
<tr><td>時間</td><td>酉冬</td></tr>
<tr><td>地點</td><td>上海</td></tr>
<tr><td>部隊</td><td>49D</td></tr>
<tr><td>呈報文號</td><td>酉微電</td></tr>
<tr><td>備考</td><td colspan="4">一、欠額2,016名，已飭指定一新兵大隊接送。</td></tr>
</table>

<table>
<tr><th colspan="5">福建／劉建緒</th></tr>
<tr><td colspan="4">抽調人數</td><td>4,000</td></tr>
<tr><td rowspan="7">原規定集中送撥辦法</td><td rowspan="3">集中</td><td colspan="2">人數</td><td>4,000</td></tr>
<tr><td colspan="2">時間</td><td>九月中旬</td></tr>
<tr><td colspan="2">地點</td><td>閩侯</td></tr>
<tr><td rowspan="4">送撥</td><td colspan="2">人數</td><td>4,000</td></tr>
<tr><td colspan="2">時間</td><td>十月上旬</td></tr>
<tr><td colspan="2">地點</td><td>上海</td></tr>
<tr><td colspan="2">撥交部隊</td><td>49D</td></tr>
<tr><td rowspan="16">據報集中送撥情形</td><td rowspan="4">集中</td><td colspan="2">人數</td><td>4,000</td></tr>
<tr><td colspan="2">時間</td><td>十月上旬</td></tr>
<tr><td colspan="2">地點</td><td>福州、南平、龍溪</td></tr>
<tr><td colspan="2">呈報文號</td><td>申寢電</td></tr>
<tr><td rowspan="12">送撥</td><td rowspan="4">出發</td><td>人數</td><td>3,600</td></tr>
<tr><td>時間</td><td></td></tr>
<tr><td>地點</td><td>福州</td></tr>
<tr><td>領隊</td><td>吳焜、蘇德耀</td></tr>
<tr><td rowspan="3">到達</td><td>人數</td><td>3,554</td></tr>
<tr><td>時間</td><td></td></tr>
<tr><td>地點</td><td></td></tr>
<tr><td rowspan="5">交接</td><td>人數</td><td>2,754</td></tr>
<tr><td>時間</td><td></td></tr>
<tr><td>地點</td><td>上海</td></tr>
<tr><td>部隊</td><td>49D</td></tr>
<tr><td>呈報文號</td><td></td></tr>
<tr><td>備考</td><td colspan="4">一、酉梗交接 1,378，戌徵交接 685，戌馬交接 691，共 2,754 名。
二、第五批 800 名已到上海，餘正抽調運送中。</td></tr>
</table>

<table>
<tr><td colspan="5">江西／王陵基</td></tr>
<tr><td colspan="4">抽調人數</td><td>5,000</td></tr>
<tr><td rowspan="7">原規定集中送撥辦法</td><td rowspan="3">集中</td><td colspan="2">人數</td><td>5,000</td></tr>
<tr><td colspan="2">時間</td><td>九月下旬</td></tr>
<tr><td colspan="2">地點</td><td>九江</td></tr>
<tr><td rowspan="4">送撥</td><td colspan="2">人數</td><td>5,000</td></tr>
<tr><td colspan="2">時間</td><td>九月上旬</td></tr>
<tr><td colspan="2">地點</td><td>鎮江</td></tr>
<tr><td colspan="2">撥交部隊</td><td>25D</td></tr>
<tr><td rowspan="16">據報集中送撥情形</td><td rowspan="4">集中</td><td colspan="2">人數</td><td>5,000</td></tr>
<tr><td colspan="2">時間</td><td>九月底</td></tr>
<tr><td colspan="2">地點</td><td>九江</td></tr>
<tr><td colspan="2">呈報文號</td><td>申皓電</td></tr>
<tr><td rowspan="12">送撥</td><td rowspan="4">出發</td><td>人數</td><td>3,500</td></tr>
<tr><td>時間</td><td>酉銑、戌銑</td></tr>
<tr><td>地點</td><td>九江</td></tr>
<tr><td>領隊</td><td>鄭執慶</td></tr>
<tr><td rowspan="3">到達</td><td>人數</td><td>3,500</td></tr>
<tr><td>時間</td><td>酉巧、戌哿</td></tr>
<tr><td>地點</td><td>鎮江</td></tr>
<tr><td rowspan="5">交接</td><td>人數</td><td>136、563、1,988</td></tr>
<tr><td>時間</td><td>酉皓、戌養</td></tr>
<tr><td>地點</td><td>鎮江</td></tr>
<tr><td>部隊</td><td>25D、警衛二團、江陰要塞</td></tr>
<tr><td>呈報文號</td><td></td></tr>
<tr><td>備考</td><td colspan="4">一、已交 2,687 名，尚欠 2,313 名，另電飭徵送。</td></tr>
</table>

<table>
<tr><td colspan="5">廣東／羅卓英</td></tr>
<tr><td colspan="4">抽調人數</td><td>5,000</td></tr>
<tr><td rowspan="7">原規定集中送撥辦法</td><td rowspan="3">集中</td><td colspan="2">人數</td><td>5,000</td></tr>
<tr><td colspan="2">時間</td><td>九月中旬</td></tr>
<tr><td colspan="2">地點</td><td>廣州</td></tr>
<tr><td rowspan="4">送撥</td><td colspan="2">人數</td><td>5,000</td></tr>
<tr><td colspan="2">時間</td><td>九月下旬</td></tr>
<tr><td colspan="2">地點</td><td>南通</td></tr>
<tr><td colspan="2">撥交部隊</td><td>65D</td></tr>
<tr><td rowspan="16">據報集中送撥情形</td><td rowspan="4">集中</td><td colspan="2">人數</td><td>2,500</td></tr>
<tr><td colspan="2">時間</td><td>九月下旬</td></tr>
<tr><td colspan="2">地點</td><td>廣州、黃埔</td></tr>
<tr><td colspan="2">呈報文號</td><td>酉東電</td></tr>
<tr><td rowspan="12">送撥</td><td rowspan="4">出發</td><td>人數</td><td>2,500</td></tr>
<tr><td>時間</td><td>酉東</td></tr>
<tr><td>地點</td><td>廣州</td></tr>
<tr><td>領隊</td><td>羅聯輝</td></tr>
<tr><td rowspan="3">到達</td><td>人數</td><td>2,500</td></tr>
<tr><td>時間</td><td>酉養</td></tr>
<tr><td>地點</td><td>泰縣</td></tr>
<tr><td rowspan="5">交接</td><td>人數</td><td>1,957</td></tr>
<tr><td>時間</td><td>酉齊</td></tr>
<tr><td>地點</td><td>泰縣</td></tr>
<tr><td>部隊</td><td>65D</td></tr>
<tr><td>呈報文號</td><td>戌東力仁電</td></tr>
<tr><td>備考</td><td colspan="4">一、據戌東代電其餘 2,500 名，已飭粵中師區送 1,500 名，粵北師區徵送 1,000 名。
二、已飭尅日開撥。</td></tr>
</table>

<table>
<tr><td colspan="5">湖南／王東原</td></tr>
<tr><td colspan="4">抽調人數</td><td>3,500</td></tr>
<tr><td rowspan="7">原規定集中送撥辦法</td><td rowspan="3">集中</td><td colspan="2">人數</td><td>3,500</td></tr>
<tr><td colspan="2">時間</td><td>九月中旬</td></tr>
<tr><td colspan="2">地點</td><td>長沙</td></tr>
<tr><td rowspan="4">送撥</td><td colspan="2">人數</td><td>3,500</td></tr>
<tr><td colspan="2">時間</td><td>十月中旬</td></tr>
<tr><td colspan="2">地點</td><td>南通</td></tr>
<tr><td colspan="2">撥交部隊</td><td>49D</td></tr>
<tr><td rowspan="16">據報集中送撥情形</td><td rowspan="4">集中</td><td colspan="2">人數</td><td>3,500</td></tr>
<tr><td colspan="2">時間</td><td>九月底</td></tr>
<tr><td colspan="2">地點</td><td>長沙</td></tr>
<tr><td colspan="2">呈報文號</td><td>酉徵電</td></tr>
<tr><td rowspan="12">送撥</td><td rowspan="4">出發</td><td>人數</td><td></td></tr>
<tr><td>時間</td><td></td></tr>
<tr><td>地點</td><td></td></tr>
<tr><td>領隊</td><td></td></tr>
<tr><td rowspan="3">到達</td><td>人數</td><td></td></tr>
<tr><td>時間</td><td></td></tr>
<tr><td>地點</td><td></td></tr>
<tr><td rowspan="5">交接</td><td>人數</td><td></td></tr>
<tr><td>時間</td><td></td></tr>
<tr><td>地點</td><td></td></tr>
<tr><td>部隊</td><td></td></tr>
<tr><td>呈報文號</td><td></td></tr>
<tr><td>備考</td><td colspan="4">已飭即送南通交接。</td></tr>
</table>

<table>
<tr><td colspan="5">湖北／萬耀煌</td></tr>
<tr><td colspan="4">抽調人數</td><td>2,500</td></tr>
<tr><td rowspan="7">原規定集中送撥辦法</td><td rowspan="3">集中</td><td colspan="2">人數</td><td>2,500</td></tr>
<tr><td colspan="2">時間</td><td>九月下旬</td></tr>
<tr><td colspan="2">地點</td><td>鎮江</td></tr>
<tr><td rowspan="4">送撥</td><td colspan="2">人數</td><td>2,500</td></tr>
<tr><td colspan="2">時間</td><td>十月中旬</td></tr>
<tr><td colspan="2">地點</td><td>鎮江</td></tr>
<tr><td colspan="2">撥交部隊</td><td>25D</td></tr>
<tr><td rowspan="16">據報集中送撥情形</td><td rowspan="4">集中</td><td colspan="2">人數</td><td>2,500</td></tr>
<tr><td colspan="2">時間</td><td>申刪</td></tr>
<tr><td colspan="2">地點</td><td>漢口</td></tr>
<tr><td colspan="2">呈報文號</td><td>酉冬電</td></tr>
<tr><td rowspan="12">送撥</td><td rowspan="4">出發</td><td>人數</td><td>2,500</td></tr>
<tr><td>時間</td><td>酉銑、酉篠</td></tr>
<tr><td>地點</td><td>武昌</td></tr>
<tr><td>領隊</td><td>謝皓</td></tr>
<tr><td rowspan="3">到達</td><td>人數</td><td>1,000、1,500</td></tr>
<tr><td>時間</td><td>酉巧、酉皓</td></tr>
<tr><td>地點</td><td>鎮江</td></tr>
<tr><td rowspan="5">交接</td><td>人數</td><td>11、2,245</td></tr>
<tr><td>時間</td><td>酉梗、酉艷</td></tr>
<tr><td>地點</td><td>鎮江</td></tr>
<tr><td>部隊</td><td>25D、116 軍械庫</td></tr>
<tr><td>呈報文號</td><td></td></tr>
</table>

<table>
<tr><td colspan="5">四川／鄧錫侯</td></tr>
<tr><td colspan="4">抽調人數</td><td>6,000</td></tr>
<tr><td rowspan="7">原規定集中送撥辦法</td><td rowspan="3">集中</td><td colspan="2">人數</td><td>6,000</td></tr>
<tr><td colspan="2">時間</td><td>十月中旬</td></tr>
<tr><td colspan="2">地點</td><td>重慶</td></tr>
<tr><td rowspan="4">送撥</td><td colspan="2">人數</td><td>6,000</td></tr>
<tr><td colspan="2">時間</td><td>十月上旬</td></tr>
<tr><td colspan="2">地點</td><td>駐馬店</td></tr>
<tr><td colspan="2">撥交部隊</td><td>五綏靖區</td></tr>
<tr><td rowspan="16">據報集中送撥情形</td><td rowspan="4">集中</td><td colspan="2">人數</td><td>1,000</td></tr>
<tr><td colspan="2">時間</td><td>酉銑</td></tr>
<tr><td colspan="2">地點</td><td>成都</td></tr>
<tr><td colspan="2">呈報文號</td><td>酉文電</td></tr>
<tr><td rowspan="12">送撥</td><td rowspan="4">出發</td><td>人數</td><td>1,000</td></tr>
<tr><td>時間</td><td>戌寢</td></tr>
<tr><td>地點</td><td>成都</td></tr>
<tr><td>領隊</td><td>張易白</td></tr>
<tr><td rowspan="3">到達</td><td>人數</td><td></td></tr>
<tr><td>時間</td><td></td></tr>
<tr><td>地點</td><td></td></tr>
<tr><td rowspan="5">交接</td><td>人數</td><td></td></tr>
<tr><td>時間</td><td></td></tr>
<tr><td>地點</td><td></td></tr>
<tr><td>部隊</td><td></td></tr>
<tr><td>呈報
文號</td><td></td></tr>
<tr><td>備考</td><td colspan="4">餘 5,000 名，已准在本年臨時徵額內徵撥，並限亥刪徵齊送交。</td></tr>
</table>

<table>
<tr><td colspan="5">貴州／楊森</td></tr>
<tr><td colspan="4">抽調人數</td><td>2,500</td></tr>
<tr><td rowspan="7">原規定集中送撥辦法</td><td rowspan="3">集中</td><td colspan="2">人數</td><td>2,500</td></tr>
<tr><td colspan="2">時間</td><td>九月下旬</td></tr>
<tr><td colspan="2">地點</td><td>貴陽</td></tr>
<tr><td rowspan="4">送撥</td><td colspan="2">人數</td><td>2,500</td></tr>
<tr><td colspan="2">時間</td><td>十月下旬</td></tr>
<tr><td colspan="2">地點</td><td>武漢</td></tr>
<tr><td colspan="2">撥交部隊</td><td>69D</td></tr>
<tr><td rowspan="16">據報集中送撥情形</td><td rowspan="4">集中</td><td colspan="2">人數</td><td>2,500</td></tr>
<tr><td colspan="2">時間</td><td>申銑</td></tr>
<tr><td colspan="2">地點</td><td>貴陽</td></tr>
<tr><td colspan="2">呈報文號</td><td>申篠電</td></tr>
<tr><td rowspan="12">送撥</td><td rowspan="4">出發</td><td>人數</td><td>1,000</td></tr>
<tr><td>時間</td><td>酉效</td></tr>
<tr><td>地點</td><td>至屏</td></tr>
<tr><td>領隊</td><td>魏鎮藻</td></tr>
<tr><td rowspan="3">到達</td><td>人數</td><td></td></tr>
<tr><td>時間</td><td></td></tr>
<tr><td>地點</td><td></td></tr>
<tr><td rowspan="5">交接</td><td>人數</td><td></td></tr>
<tr><td>時間</td><td></td></tr>
<tr><td>地點</td><td></td></tr>
<tr><td>部隊</td><td></td></tr>
<tr><td>呈報文號</td><td></td></tr>
<tr><td>備考</td><td colspan="4">一、第一批士兵已到邵陽。
二、第二批士兵於戌號送出。</td></tr>
</table>

<table>
<tr><td colspan="5">雲南／何紹周</td></tr>
<tr><td colspan="4">抽調人數</td><td>3,500</td></tr>
<tr><td rowspan="7">原規定集中送撥辦法</td><td rowspan="3">集中</td><td colspan="2">人數</td><td>3,500</td></tr>
<tr><td colspan="2">時間</td><td>九月下旬</td></tr>
<tr><td colspan="2">地點</td><td>昆明</td></tr>
<tr><td rowspan="4">送撥</td><td colspan="2">人數</td><td>3,500</td></tr>
<tr><td colspan="2">時間</td><td>十月下旬</td></tr>
<tr><td colspan="2">地點</td><td>武漢</td></tr>
<tr><td colspan="2">撥交部隊</td><td>11D</td></tr>
<tr><td rowspan="16">據報集中送撥情形</td><td rowspan="4">集中</td><td colspan="2">人數</td><td>2,400</td></tr>
<tr><td colspan="2">時間</td><td>酉冬</td></tr>
<tr><td colspan="2">地點</td><td>昆明</td></tr>
<tr><td colspan="2">呈報文號</td><td>酉冬電</td></tr>
<tr><td rowspan="12">送撥</td><td rowspan="4">出發</td><td>人數</td><td>2,400</td></tr>
<tr><td>時間</td><td>酉哿</td></tr>
<tr><td>地點</td><td>昆明</td></tr>
<tr><td>領隊</td><td>馬崇興</td></tr>
<tr><td rowspan="3">到達</td><td>人數</td><td></td></tr>
<tr><td>時間</td><td></td></tr>
<tr><td>地點</td><td></td></tr>
<tr><td rowspan="5">交接</td><td>人數</td><td></td></tr>
<tr><td>時間</td><td></td></tr>
<tr><td>地點</td><td></td></tr>
<tr><td>部隊</td><td></td></tr>
<tr><td>呈報文號</td><td></td></tr>
<tr><td>備考</td><td colspan="4">第一批已到鎮遠。</td></tr>
</table>

<table>
<tr><th colspan="4">廣西／黃旭初</th></tr>
<tr><td colspan="3">抽調人數</td><td>2,500</td></tr>
<tr><td rowspan="7">原規定集中
送撥辦法</td><td rowspan="3">集中</td><td>人數</td><td>2,500</td></tr>
<tr><td>時間</td><td>九月下旬</td></tr>
<tr><td>地點</td><td>桂林</td></tr>
<tr><td rowspan="4">送撥</td><td>人數</td><td>2,500</td></tr>
<tr><td>時間</td><td>十月中旬</td></tr>
<tr><td>地點</td><td>武漢</td></tr>
<tr><td>撥交部隊</td><td>46D</td></tr>
</table>

<table>
<tr><td rowspan="17">據報集中
送撥情形</td><td rowspan="4">集中</td><td colspan="2">人數</td><td>2,000</td></tr>
<tr><td colspan="2">時間</td><td>九月底</td></tr>
<tr><td colspan="2">地點</td><td>桂林</td></tr>
<tr><td colspan="2">呈報文號</td><td>酉東電</td></tr>
<tr><td rowspan="12">送撥</td><td rowspan="4">出發</td><td>人數</td><td>二大隊</td></tr>
<tr><td>時間</td><td>酉冬、酉皓</td></tr>
<tr><td>地點</td><td>、桂林</td></tr>
<tr><td>領隊</td><td>蔣繼勛</td></tr>
<tr><td rowspan="3">到達</td><td>人數</td><td>二大隊</td></tr>
<tr><td>時間</td><td>酉齊、酉養</td></tr>
<tr><td>地點</td><td>漢口</td></tr>
<tr><td rowspan="5">交接</td><td>人數</td><td></td></tr>
<tr><td>時間</td><td>戌智</td></tr>
<tr><td>地點</td><td>漢口</td></tr>
<tr><td>部隊</td><td>46D</td></tr>
<tr><td>呈報
文號</td><td></td></tr>
</table>

<table>
<tr><th colspan="4">合計</th></tr>
<tr><td colspan="3">抽調人數</td><td>39,000</td></tr>
<tr><td rowspan="2">原規定集中
送撥辦法</td><td colspan="2">集中人數</td><td>39,000</td></tr>
<tr><td colspan="2">送撥人數</td><td>39,000</td></tr>
<tr><td rowspan="4">據報集中
送撥情形</td><td colspan="2">集中人數</td><td>28,400</td></tr>
<tr><td rowspan="3">送撥</td><td>出發人數</td><td>19,500 又二大隊</td></tr>
<tr><td>到達人數</td><td>14,904 又二大隊</td></tr>
<tr><td>交接人數</td><td>12,133</td></tr>
</table>

附計八　青年軍各師兵員缺額補充計劃表

二〇二師／羅澤闓／蘇州		
編制數	現有數	缺額數
12,766	7,672	5,094
配撥辦法		
省區	補充數	交接完竣日期
湖北	5,094	卅六、元、底

二〇三師／潘華國／重慶		
編制數	現有數	缺額數
12,766	4,922	7,844
配撥辦法		
省區	補充數	交接完竣日期
四川	6,000	卅六、元、卅一
備考 川省餘額現僅有六千餘名，撥予配撥六千名，其尚缺名額，經預備幹部管訓處商定，由該師自行招收失學青年補充。		

二〇五師／譚冀之／耒陽		
編制數	現有數	缺額數
12,766	5,755	7,011
配撥辦法		
省區	補充數	交接完竣日期
湖南 湖北	4,000 3,011	卅六、元、卅一

二〇六師／蕭勁／洛陽		
編制數	現有數	缺額數
12,766	12,766	
備考 該師士兵已照編制補足，擬不補充。		

二〇七師／羅又倫／河北南口		
編制數	現有數	缺額數
12,766	10,632	2,134
配撥辦法		
省區	補充數	交接完竣日期
廣西	2,134	卅六、元、卅一

二〇八師／吳嘯之／河北西苑		
編制數	現有數	缺額數
12,766	11,554	1,212
配撥辦法		
省區	補充數	交接完竣日期
北平行轅	1,212	卅六、元、卅一
備考 該師缺額，前已由北平行轅就長江以南各省配額撥補八百名，餘額擬仍由該項兵額補足。		

合計／六個師			
編制數	現有數	缺額數	補充數
76,596	53,301	23,295	21,961

附記

一、本表所列各師編制現有缺額人數，係依照預備幹部管訓處統計訂列。

二、補充數係依照各該師現缺人數配定，第二〇六師已照編制補足，不予補充。

三、各師現有人數，除一部係前從軍青年復員後留營志願兵外，餘均為收訓青年及徵集兵。

四、二〇二、二〇六、二〇七、二〇八，四個師，現均在收訓流亡及失學青年，如其招收名額續有增加，應就實缺名額補足為限。

五、各師配撥名額，均由各該師自行派員接領。

第六節　陸軍士兵復員退伍

依照陸軍整編方案內之陸軍各部隊復員實施辦法，分一、二兩期按地區實施，第一期鄭州區十三個軍，徐州區七個軍，西安區九個軍。第二期蘇皖區十二個軍，湖廣區十一個軍，川滇區七個軍一個師，共計五十九軍一個師。除八個軍奉准暫緩實施外，其餘均已整編，茲將其實施概況分述如左。

一、整編復員程序

整編復員士兵，由部隊編送各地補給區收容站，再由收容站按省縣籍分送各省復員站辦理退伍還鄉手續，完成復員工作。

二、處理情形

（一）連絡人員之派遣

部隊整編復員士兵部份、依據主管權責劃分，由該局按照地區派出人員參加各組工作，計每組派副組長一員，每軍派駐軍兵役連絡官一員，督促整編及監造各種表冊事宜，各軍整編後保留士兵及其籍貫之統計。

（二）收容站之組設

由各地補給區，責成所屬供應機關兼辦，對整編復員，負補給供應及按省縣籍造冊編送復員之責。

（三）復員站之設置

於各省交通要點，設置復員站，頒有復員站設置計劃，及工作綱領等，通電各省軍管區（保安）司令部轉飭遵行，計於蘇、浙、皖、贛、閩、豫、陝、鄂、湘、川、黔、滇、粵、桂、魯、冀、晉等十七省設置五十五個復員站，其餘各省暫緩設置，責由各該省軍管區（保安）司令部，對此項復員士兵還鄉業務，參照復員站工作綱領辦理，計一、二兩期截至十二月底止，整編復員士兵編送收容站者計五八、六六九名，由收容站轉送各省復員站者計二五、五八二名。

（四）管區派員參加復員站工作

動員徵召與復員退伍原為管區業務，本年實施整編復員，適值舊設師管區奉令結束，因之設置復員站，專司其事，新師團接管區成立後，為增強工作效率，並顧及將來管區接辦計，令由師團管區派員分赴復員站參加工作。

第十一章　測量局

第一節　大地測量

第一款　天文測量

本年預定實測二等天文四點。分由測一、七、九、十，四隊實施，除測一隊因共匪竄擾，奉令停測外，其餘均照預定完成。

第二款　基線測量

基線測量，係供邊長控制之用，本年度預定在各測區共施測三等基線一七條，由測一、三、四、五、九、十、十一隊各測二條，測六、七、八隊各測一條，除測一隊奉令停測，較預定少測一條，及測五隊因南部至巴江段，地勢崎嶇，未有適當基線場，亦減測一條外，其餘一五條均照預定計劃完成。

第三款　三角測量

本年度預定共施測三等三角九九四點，埋石一二四座，分由測一隊及測三至十一隊實施，除川陝鄂邊區因共匪竄擾盤據，測一隊之人員儀器被共匪虜劫，無法繼續作業，致其業務施測不及十分之一，及測四、六兩隊尚餘業務，各約七分之一，亦被脅迫停止，均經停測，又測八隊因國防急需，由新省七克台再向東推進外，餘均按預定計劃達成任務，計完成三角點八五〇點，埋石一〇三座，惟測七、八隊測區屬荒漠地帶，交通困難，居住亦時生問題，急應增強交通工具及發給蒙古包等裝備，俾能克服困難。

第四款　水準測量

水準業務，除必要之聯測外，均沿三角系統測，本年度預定完成二等水準一、一二二點，埋石六三座，水準支線五三條，由測一隊及測三至十一隊分區實施，除測一、四、六隊因共匪竄擾，無法全部完成外，餘均能按照計劃達成任務，計共完成水準一、〇五三點，埋石四五座，水準支線四九條。

第五款　磁偏角測量

本年度預定施測磁偏角六九點，分由測一、三、四、五、七、八、九、十、十一隊分區施測，除測一隊因共匪竄擾，僅施測一點外，餘均能按照預定實施，計共完成六〇點。

第六款　天文測算

天文測算由天文觀測所辦理，本年度工作預定為：

（一）精算天文七〇點。

（二）編輯全國天文成果活頁冊全份。

（三）計算 45° 等高星表一五份，及經常天文測算，天文測量方法精度之研究，收發時號等。

該所因奉命由渝遷京，十、十一兩月份以辦理公物裝箱，接洽還都事項，而工作停頓，致完成數量比預定略少，除天文測算研究測量方法及精度暨收發時號等，經常進行外，計完成（一）項六〇點。（二）項11/12。（三）項一二份。

第七款　成果核算

成果核算，由大地測量第一隊所屬之計算室辦理，本年度工作預定為：

（一）調製一、二等三角點活頁冊全份。
（二）調製黔中及黔桂邊區三角點活頁冊全份。
（三）調製各等三角區系統計表全份。
（四）改算京徐、京皖系經緯度及縱橫線全份。
（五）計算成雅系、雅昆系經緯度及縱橫線全份。
（六）繼續計算黔桂邊區三角網 31%。
（七）整理東北偽滿所測成果等。

該室因奉令由渝遷京，十、十一兩月份以辦理公物裝箱及移交清冊等事項而工作停頓，並為趕辦臨時業務，即計算瀘合段三角成果，以應三峽業務急需，致影響（一）項工作無法完成，（二）項工作僅完成 60%，至其餘各項則已全部完成。

第二節　地形測量

地形測量，其目的係將地面之地物、地貌依其形狀高低及位置，由其水平投影測繪於圖上，以成地形原圖，其作業步驟分測角圖根、圖解圖根及碎部測圖三項。

第一款　測角圖根

測角圖根點，為圖解圖根及碎部測圖時之依據，本年度預定各測隊共施測測角圖根三、四〇一點，均已按照計畫全部完成。

第二款　圖解圖根

圖解圖根點為碎部測圖之基準，本年度預定各測隊共施測圖解圖根九、〇八一點，除測十二隊因測區（滇省）氣候特殊及編併關係，尚有一部份改由航一隊繼續辦理，期於明年一月完成外，截至十二月份止，共已完成八、五二一點。

第三款　碎部測圖

本年度預定完成五萬分一地形原圖一六〇幅，分由測量第二至十二隊施測，除測十二隊因氣候特殊及編併關係，尚有六．五幅由航一隊接辦，測十隊因地形困難較預定少測四．二五幅，測四隊尚有〇．二五幅均在繼續進行中外，本年度計共完成一四九幅。

第三節　航空測量

本年航空測量業務，僅有航測揚子江水力發電區域，原計劃自本年十月開始空中攝影，預定卅六年六月底全部工作完成。

第一款　航空攝影

航攝揚子江水力發電區域三峽水庫，沿長江自石牌至瀘縣兩岸主支流以 220 公尺等高線所包含之地區，全長一千二百公里，寬度平均約五公里，需航攝三千片，又龍溪河區一百片，宜昌至瀘縣間城市四十八處，需航攝 1/7500 底片九〇〇片，十、十一月間共飛六次，完成數量為一、二七二片，僅達全部業務 40% 強。

第二款　三角及水準測量

雲陽至宜昌及重慶至合江二段，須施測三角及水準點，以資聯繫，預定施測三角三七四點，造三等覘標一七八座，二等水準三九〇點，埋石一〇〇座，及水準支線二〇條。本年度完成數量為三等三角一七三點，造標一五〇座，二等水準二九點，埋石二八座，水準支線二八條，達全部業務 63% 弱。

第三款　控制及調查

原定十一月開始作業預定測控制點一、三〇〇點，照片調查三、〇〇〇片，嗣因業務費未能及時撥發，及交通工具困難，延至本年底工作人員方陸續出發，尚未開始作業。

第四款　立體測圖

本年度預定採用多倍測圖儀測成五萬分一地形素圖，六千平方公里，並經複照清繪而成原圖，因外業成果未能交付，故本年無成績。

第五款　糾正鑲嵌

宜昌至瀘縣沿長江兩岸，可能被淹沒之城市村莊計四十八處，各航攝 1/7500 航測底片，以糾正儀糾正放大鑲嵌 1/2500，再複照放大為 1/1000 照片圖，並加以簡要之註記，亦因時間關係本年未預定開始。

第四節　製圖

第一款　繪圖

本年度預定：

（一）繼續清繪上年度業已繪纂完竣而清繪尚未完成之百萬分之一中國輿圖二十五幅（總數為七七幅，上年度已清繪二五幅）。

（二）完成清映繪新測五萬分一地形圖一二六幅。

（三）映模繪各尺度圖一〇五幅。

（四）編纂及縮繪尺度圖一五七幅。

以臨時業務過多，未能達到預定進度，計共完成各項繪圖九九六幅，又完成臨時業務計映模繪雜件四二三件。

第二款　製版

本年度預定製成：

（一）百萬分一輿圖版九二四塊。

（二）新測五萬分一地形圖版五〇四面。

（三）各尺度圖板八〇二面。

因各隊改組，製版業務統併規製圖廠及分廠辦理，改組期間，工作停頓，及臨時業務過多，致未能達成預定數量，計共完成一、八九六面，又完成臨時業務，各種雜件製版七七七件。

第三款　印刷

本年度預定印刷：

（一）新測五萬分一地形圖九、三〇〇張。

（二）百萬分一輿圖二三一、〇〇〇張。

（三）各種尺度補充圖七七九、二八八張。

以趕辦急需臨時業務，致未能達到預定數量，計各項印刷共完成一、八七六、三四八張，又完成各種雜件印刷一二三、一三〇張。

第五節　地圖補給

第一款　圖站調整

為應軍圖補之便利，本年度預計撤銷南昌、南陽、貴陽、昆明等圖庫站，改設南京總圖庫，及北平、漢口、蘭州、重慶、西安、廣州等六圖站，因經費與交通困難，致推進遲緩，現除北平圖站因人員尚在途中，其業務暫由北平製圖分廠代辦，及廣州圖站長尚在途中未成立外，其餘均已如預計具報設立，正式工作。

第二款　地圖轉運

本年度預定由渝分運南京地圖六批，運西安二批，運蘭州三一批。又南昌、南陽兩圖站撤銷，其存圖分運南京、西安庫站，及貴陽、昆明兩圖庫撤銷，其存圖分運重慶、廣州圖站。惟以運輸工具困難，不能按照預定達到，計由渝運京已到地圖四批，共四、一一六捆。運西安已到地圖二批，共三七五捆。運蘭州三一批，及南昌、南陽兩站分運南京、西安地圖均在途中，而貴陽、昆明兩站存圖，分運重慶、廣州圖站則尚未起運。

第三款　接收日偽地圖

關於辦理接收日偽地圖其結果如次：

（一）北平、東北所接收之日偽地圖已整理造冊。

（二）台灣所接收地圖已電台灣長官公署代運。

（三）廣州所接收日偽地圖約八百餘萬張，已清出四十六萬餘張，正加緊清理中。

（四）京、漢兩地所接收之日偽地圖正加緊清理中。

第四款　地圖補充

關於印刷華北十一省補充圖五萬分一者各一千份，十萬分一及三十萬分一者皆各五百份，正由製圖廠及平、渝兩分廠加緊製印中，惟以設備尚欠充實，及人員不足，故進度較緩。

第六節　儀器修造

本項業務，分製造與修理兩項，以設備簡陋，製造數量極微，又以由渝還都機件裝箱搬運，陷工作於停頓，故修理工作進展亦緩。

第七節　技術研究

第一款　學術之研究

學術研究事項，本年度計出版測量雜誌第四期，測量叢書第一號「等高儀觀測手冊」及編審叢書第二號「航空勘測圖測繪法」、第三號「大地測量計算手冊」兩種，至於「雷達測量」、「航空測量」、「多色圖之製印新法」、「地圖模型之製造」等研究，正由該局派赴美國人員分別研習，將於回國後編成專書，為改進技術與業務之參考，又經搜集英美測量書籍多種，以供同人研閱。

第二款　法規之編訂

測量各部門之作業方法，精度作業力與技術之統一標準，有賴法式明確規定，故編訂「測量法式」，實屬急需，本年度已編定初稿，交由各專家簽註意見中，又編就「測量叢書出版規則」、「測量雜誌出版規則」、「國防部測量局暨所屬各隊業務實施標準」及「改編五萬分一新圖廓圖暫行辦法」等法規四種。

第八節　教育

測量人材，向由中央測量學校負責培植，本年度畢業人數計正班二十七名、訓練班十八名、補訓班三十五名，合共八十名，尚在教育中者，計正班十班、補訓班二班，訓練班三班，合計學生三一四人。

第十二章　民事局

第一節　戰地及佔領區主要工作及設施

第一款　戰地政務指導

戰地政務工作，並無下層結構，在工作推行上，不能不借手於各級政治部與部隊長，為指導執行便利起見，必須從立法上著手，以為工作推行之張本，故本年度工作重心，以立法為主，務使推行機構，於執行上不發生困難，本年度已公佈施行者，有「綏靖區政工主管人員對收復區各縣鄉（鎮）地方行政協助推行辦法」（附法十八）、「各部隊長協助推行地方自治暫行辦法」（附法十九）、「對十一戰區工作困難四項處理意見」，並著手擬定有「政工主管兼民事督導員服務規程草案」（附法二〇）、「各行轅綏署民事處工作綱要草案」（附法二一）、「成立廿個民事執行小組計劃及辦法」。

關於綏靖工作政策之實際上，本部建議江蘇省政府，指定第五行政督察區為地方地政政策實驗區，蘇省府已接受，並經請總長遴選幹訓人員，擔任專員、縣長，業由蘇省府擬第一期工作實施計劃。

同時本部為明瞭各戰區綏靖政務實施情形，特簽准規定戰區長官部、綏靖公署、行轅、綏靖區司令部等機關，按月呈報施政月報。

第二款　人民服務總隊

一、編組

查人民服務總隊，原訂計劃成立五個總隊，本年已成立第一、第二兩個總隊，分別於九、十兩個月編組完竣。

二、人員

第一、第二總隊隊員，按照編組計劃，就杭州、隆昌、綦江各新聞分班學員改編，不足之數，就各綏靖區當地撥選優秀青年補充，第一總隊現有官佐三〇七員，學員一、八〇五名，第二總隊現有官佐三〇九員，學員一、六二五名。（如附表四〇、四一）

三、配備

人民服務總隊各隊武器，計第一總隊發有日式手槍二百枝，日 65 騎槍一千八百枝，第二總隊發有廠造左輪二百枝，中正式步槍一千八百枝。至各總隊醫藥設備，比照團衛生隊標準發給衛生器材及特效藥品，大隊衛生材料，照獨立營發給，如有患病官員，由第一、第七補給區所屬各院收容治療。通訊方面，第一總隊及所屬第一大隊，各配有電台一座，第二總隊，配有電台一座。

四、經費

各總隊經費，經核定為每隊月領二五七、四二六、一八二元，按月領支逕報，惟各總隊臨時費，每月僅一百五十萬元，且無事業費甚感困難，擬於卅五年度內將預算增加，每總隊發給事業費五千萬元。

五、駐地

各隊駐地，均按照預定計劃到達，第一總隊駐徐州，所屬一、四大隊配置於第一綏靖區駐泰興，

二、三大隊配置於徐州綏署駐蘇北及魯南，第二總隊駐鄭州，所屬一、二、三大隊配置於鄭州綏署駐黃河以北，第四大隊配置於第一戰區駐晉南。（如附駐地要圖四、五）

六、工作

第一總隊一、四大隊現配合第一綏靖區，協助辦理黃橋實驗區綏靖工作，第二大隊隨軍推進魯南嶧縣、臨城、棗莊一帶參加作戰，並派員赴金鄉、魚台等地組訓民眾，及協助救濟難民、傷兵，該大隊在滕縣破獲奸匪所轄暗殺團人員楊仲儀等卅餘名，送請徐州綏署核辦中，該總隊並報來情報四十餘件，關係戰況及匪情者，分送第二、三兩廳辦理，關係政務者，送綏靖區政務委員會辦理。

第二總隊分駐修武、新鄉、焦作、長垣、蘭封、汲縣等處，辦理組訓民眾、整編戶口、黨團員調查登記等工作，第四中隊推進至濮陽縣城，該縣為新收復區，股匪雖經國軍擊退，仍有奸匪潛伏，經該隊擔任地下掃蕩工作，潛伏奸匪，次第肅清，並掘出奸匪地洞所藏機關槍十八挺、步槍二百八十支。

關於法令規章，第一總隊擬有「工作計劃實施辦法」、「臨時服務規則」、「民眾組訓工作重點實施進度」、「宣傳工作綱要」、「協助收復區國民學校暫行辦法」，第二總隊擬有「工作計劃實施辦法」、「鄭州工作實施綱要」、「總隊部辦事通則」、「青年工作隊組訓通則」、「兒童隊組訓通則」等，同時本部為明瞭人民服務總隊工作實況，擬定工作報告格式四種，飭其按月呈報。

第三款　駐日佔領軍軍事法庭

根據駐日代表團朱團長午元辰琨軍琨電，檢附盟方對我佔領軍提出請求修改或注意各事項，其中第十項充實佔領軍軍法人員，兼理僑民糾紛一節，即擬組織駐日佔領軍軍事法庭，惟以參考資料缺乏，經電朱團長查訊實際情形，及美軍軍法人員之業務與執掌見復，旋准朱團長未馬軍琨電，附日本民刑事法庭之限制辦法、美第一團佔領軍事法庭辦法、中美雙方關於佔領軍事法庭談話擇要等件，以供參考，根據以上資料，擬駐日佔領軍軍事法庭組織規程草案，及法庭編制表，惟因赴日佔領軍中止開日，而軍事法庭亦未成立。

附法十八　綏靖區政工主管人員對收復區各縣鄉（鎮）地方行政協助辦法

一、為積極使剿匪部隊政工主管人員參加協助與指揮監督收復區各縣鄉（鎮）地方行政工作起見，特訂定本辦法。

二、政工主管人員協助縣鄉（鎮）地方行政，工作期間，以縣區收復秩序安定為止。

三、剿匪部隊政工主管人員，得由國防部兼派為民事督導員，並於派定後通知省政府。

四、各級兼任民政督導員之主管人員協助監督事項如左：

1. 地方政權之建立。
2. 匪偽政權之摧毀。

3. 縣軍事法庭之設置。
4. 戶口保甲清查整編，國民身份證及聯保切結之辦理。
5. 民眾與民眾團體之組訓與運用。
6. 軍民合作與普設軍民合作站。
7. 軍事之供應。
8. 交通通訊之修建與保護。
9. 難民之安撫與救濟。
10. 縣訓練所之設置充實與基層幹部之編訓。
11. 縣鄉自衛隊及警察隊之編訓。
12. 人民服務隊之組訓。
13. 碉寨工事之修整。
14. 情報網及遞步哨所之設置。
15. 貪污奸細之檢舉。
16. 學校及文化事業之舉辦。
17. 土地及房屋糾紛之處理。
18. 金融偽幣與物資之流通管制。
19. 煙毒賭娼之查禁。
20. 匪軍反正之策動。
21. 其他有關地方應興應革的事宜。

五、旅以上之部隊長進入收復區後，如無地方政府時，得即令民事督導員建立軍事地方政府，辦理前條所列事項，並得依縣長及地方行政長官兼理軍法暫行辦法處理軍法業務，俟縣鄉（鎮）地方政府組成時交替之，如有縣鄉（鎮）地方政府隨軍推進時，民事督導員依照前條所列事項協助並指揮督導之。

六、各級兼任民事督導員（民事武官）之政工主管人員，對於各縣鄉（鎮）之地方行政工作人員有賞罰權，但須列舉事項證據會同部隊長處理之，並函咨其上級機關知照。

附註：

政工主管人員，有（四）及（五）條取定之指揮監督及賞罰權，只限於上校級以上之主管政工人員，否則居於協助地位，不負監督考核之責。

附法十九　綏靖區各級部隊長協助推行地方自治暫行辦法

一、為肅清奸匪，維持治安，恢復地方政權，協助推行地方自治起見，特訂定綏靖區各級部隊長協助推行地方自治暫行辦法（以下簡稱本辦法）。

二、凡經國軍收復後之鄉鎮城市駐在地之師旅團長（或尚未整編之軍師團長），應即就每連官兵中，嚴格選最有能力品格及政治認識者官長一員、士兵四名，指派配屬之政治部或團指室工作，受政治部主任或團指導員之督導指揮。

三、綏靖區地方自治之協助推行，分三個步驟完成，第一步驟時間為一個月，第二步驟二個月，第三步驟三個月。

四、協助推行範圍及方法如下：

甲、第一步驟

1. 恢復地方政權，綏靖區鄉鎮保甲組織經奸匪破壞或變更者，得就隨軍返鄉義民中選定優秀有為青年，及公正勤廉鄉賢先行恢復地方各級機構，建立地方政權。

2. 清查戶口編組保甲，依據「綏靖區實施戶口清查辦法」、「縣保甲戶口編查辦法」等，協助縣市政府查編主辦機關，除責令戶政及警察人員，並發動當地返鄉知識份子，協同辦理，務使人必歸戶，戶必歸保甲。

3. 組訓地方自衛隊部隊，進入綏靖區後，應即會同縣市政府或鄉鎮公所，就現有之民眾及武器（或以梭標馬力等物代替）編組為地方自衛隊，縣（市）設大隊，鄉（鎮）設中隊，保（或聯保）設分隊，分隊下設盤查哨、守望遞步哨、偵察班等，負責清查奸宄，維護交通，偵察匪情，傳達公文，協助作戰等任務，加緊組訓，切實掌握運用，依照行政院頒佈之「綏靖區民眾自衛隊組方案」辦理。

乙、第二步驟

4. 綏靖區流通之發行幣券，應一律作廢，協助縣政府禁止使用，並佈告週知，至已非法發行幣券所生之債權債務，其處理辦法：（一）原以法幣訂立之契約，經被迫改折非法發行之幣券者一律回復法幣原額。（二）以非法發行之幣券，訂立之契約，由當事人協議以法幣改訂之，協議不成時，由當地鄉鎮或區地方善後協進會（或鄉鎮公所）

予以調解，調解不成時，由該管司法機關依法公平處理之。

5. 實行清鄉與聯保連助辦法，清查戶口，編組保甲，施行後，隨即同縣政府或鄉鎮公所普遍實行清鄉，以一族清一族，一房清一房，一戶清一戶辦理，同時實行聯保連坐辦法，設立保甲祕密通訊員，使奸匪無法潛伏活動。

6. 綏靖區內之農地，經非法分配農民耕種，如其所有權人為自耕農者，依原有證件或保甲四鄰證明文件收回自耕，其所有權人非自耕農時，在政府未依法處理前，准依原有證件或保甲四鄰證明文件，保持其所有權，並應由現農民繼續佃耕。

7. 對於收復縣份之民食軍糧，協助縣田賦糧食管理處，負責統籌作有計劃之調整與補精，各機關各部隊不得向人民直接徵用。

丙、第三步驟

8. 推行合作事業，協助各縣合作指導人員，於各縣收復時，應將原不合法之合作組織，予以解散，另行成立區域及鄉鎮合作社籌備處，徵求人民入社，舉行創立會，宣告成立，積極推進合作事業，各縣應設一聯合社，其籌備成立，亦照此辦理。

9. 舉辦生產事業，如修路築垣，修築水渠、水堰、水車、水輾、興辦水利，設置苗圃、林場、植樹、造林、開墾荒地、實行公共造產等，視當地需要緩急，分別協助辦理。

10. 其他必須協助推行地方自治工作。

五、各考選調用官兵之獎懲，由師政治部主任、團指導員報由各級部隊長獎懲，其協助推行地方自治之成績，得為本年度部隊考成之一，本部並得派員分赴綏靖區實地視察情形，呈請主席獎懲之。

六、協助推行時，得參照「綏靖時期各部隊政治工作大綱」、「綏靖時期政工服務甄訓辦法」辦理。

七、本辦法如有未盡事宜，得呈請以命令修改之。

八、本辦法自公佈之日起施行。

附法二〇　各級政工主管兼民事督導員服務規程草案

一、本規程依據綏靖區政工主管人員，對收復區各縣鄉（鎮）地方行政協助辦法第三條之規定訂定之。

二、各該民事督導員，受國防部之監督指揮，並受各該戰區或綏署民事處之指導。

三、各戰區綏署已設有民事處之單位，應由該處負指導工作之責，政工主管無須兼任。

四、各級民事督導員，進入收復區後，如該區尚無地方行政機構，得呈請當地最高軍事長官建立之，並電呈國防部備查。

五、各級民事督導員，應依據「綏靖區政工主管人員對收復區各鄉（鎮）地方行政協助辦法」第四條規定之事項，針對當地情形，擬具詳細辦法呈報國防部核備。

六、在同一綏靖地區內，如有兩個整編旅以上兼民事督導員駐防時，應由最高級者負指導工作之責，如係兩個平行單位，其工作進行則以會報方式協商之。

七、各兼民事督導員，應將工作月報，按期呈國防部以作考成依據。

八、各該兼民事督導員於離開綏靖地區時，不得行使民事督導權，應先呈國防部備案。

九、本規程自公佈之日施行。

附法二一　各行轅綏署民事處工作綱要草案

一、為調整各行轅綏署業務系統，便於與國防部民事局聯繫起見，各行轅綏署之政務處，一律改稱民事處，仍隸屬各原屬單位，主持各該管已有關民事業務。

二、各行轅綏署民事處，除承續原政務處職掌外，為配合目前剿匪軍事，釐定其工作要目如左：

子、綏靖區政權恢復與軍法較置事項。

丑、民眾組訓事項。

寅、綏靖區教育、文化、衛生等設施之恢復與考核事項。

卯、綏靖區金融設施與安撫救濟事項。

辰、綏靖區各項資料之調查統計事項。

巳、綏靖區軍民糾紛之處理事項。

午、綏靖區軍民合作事項。

三、關於民眾組訓者：

子、原有民眾團體之管制運用。

丑、民眾團體之指導與組織。

寅、各種民眾組訓之設計實施。

卯、各項民眾運動之指導監督。

四、關於戰地文化教育衛生者：

子、擬訂推行戰地平民教育之方針及實施辦法。

丑、協助戰地學校復員恢復，並提高原有文化水平。

寅、倡導三民主義，糾正分歧思想。

卯、指導各項衛生設施提倡保健運動。

五、關於戰地財政金融與救濟安撫者：

子、檢討整頓戰地財政金融辦法，予財政局以充分之協助與建設。

丑、協助戰地救濟，安定社會秩序。

寅、報訓與安置流亡青年。

卯、土地問題之調處，解決地主與佃農間之糾紛。

辰、加強對奸匪之經濟戰，實施經濟封鎖。

六、關於調整統計者：

子、戰地各項資料之調查蒐集與統計。

丑、戰地一般民事之調查統計。

七、關於軍民糾紛之處理者：

子、協同有關機關，從事軍風紀之維持。

丑、處理調解軍民糾紛案件。

八、關於戰地軍民合作者：

子、指導軍民合作站業務，便利軍事行動。

丑、有關軍民聯誼事務之指導，舉行融洽軍民情感。

九、本綱要自公佈之日起施行。

表四〇　國防部人民服務總隊第一總隊兵力駐地表

隊別		主官姓名	官佐		隊員		士兵		駐地
			編制	實有	編制	實有	編制	實有	
總隊部		郭仲容	40	27			22	20	徐州
第一大隊	大隊部	袁兆麟	14	14			14	14	南通
	第一中隊	閻克勤	16	16	135	121	14	14	南通
	第二中隊	劉更新	16	16	135	117	14	14	南通
	第三中隊	董南轅	16	16	135	122	14	14	南通
	第四中隊	劉希傑	16	16	135	121	14	14	南通
第二大隊	大隊部	孫中均	14	14			14	14	臨城
	第五中隊	盧上騰	16	16	155	130	14	14	臨城 第二區隊駐韓莊 第三區隊駐雙溝
	第六中隊	施中凱	16	16	135	135	14	14	泗陽 第一區隊駐臨河集 第二區隊駐南星集 第三區隊駐東安集
	第七中隊	高賓員	16	16	135	135	14	14	嶧縣 第一區隊駐棗莊
	第八中隊	李硯香	16	16	135	135	14	14	金鄉 第二區隊駐魚台 第二隊駐單縣
第三大隊	大隊部	蔡乾仁	14	14			14	14	宿遷
	第九中隊	陳慕韓	16	16	135	135	14	14	宿遷 第三區隊駐通岱鎮
	第十中隊	余鴻章	16	16	135	135	14	14	淮陰 第一區隊駐漣水 第二區隊駐淮安
	第十一中隊	張　鐵	16	16	135	138	14	18	黃口 第一區隊駐大許家 第三區隊駐碭山
第四大隊	大隊部	李樂平	14	14			14	14	南通 已派一個中隊進駐如臯 餘部正向石莊南部署中
	第十二中隊	徐　榮	16	16	135	126	14	13	
	第十三中隊	徐國倫	16	16	135	126	14	14	
	第十四中隊	常維謙	16	16	135	131	14	14	
合計			320	307	1,890	1,805	274	270	

表四一　國防部人民服務總隊第二總隊兵力駐地表

隊別		主官姓名	官佐		隊員		士兵		駐地
			編制	實有	編制	實有	編制	實有	
總隊部		劉培初	40	39			22	22	鄭州
第一大隊	大隊部	謝自珍	14	10			14	14	新鄉
	第一中隊	王兆芬	16	16	135	110	14	14	新鄉
	第二中隊	羅福星	16	16	135	113	14	14	汲縣 第一區隊駐河屯
	第三中隊	張四維	16	16	135	109	14	14	修武 第二、三區隊駐焦作
	第四中隊	袁慶繙	16	16	135	112	14	14	漢陽
第二大隊	大隊部	李家熙	14	13			14	14	蘭封
	第五中隊	孫希文	16	16	135	107	14	14	蘭封
	第六中隊	汪澤源	16	16	135	110	14	14	考城
	第七中隊	馬健馳	16	16	135	121	14	14	封邱
	第八中隊	雷　挺	16	16	135	106	14	14	長垣
第三大隊	大隊部	谷篤生	14	12			14	14	陳留
	第九中隊	張　權	16	16	135	110	14	14	陳留
	第十中隊	郭榮生	16	16	135	111	14	14	通許
	第十一中隊	鍾守愚	16	16	135	111	14	14	鄭州
第四大隊	大隊部	韋日睦	14	11			14	14	臨汾
	第十二中隊	呂銘璜	16	16	135	135	14	14	臨汾
	第十三中隊	朱　維	16	16	135	135	14	14	運城
	第十四中隊	許獻深	16	16	135	135	14	14	臨汾
合計			320	309	1,809	1,625	274	274	

附圖四　國防部人民服務總隊第一總隊兵力部署要圖

中華民國三十五年十二月調製

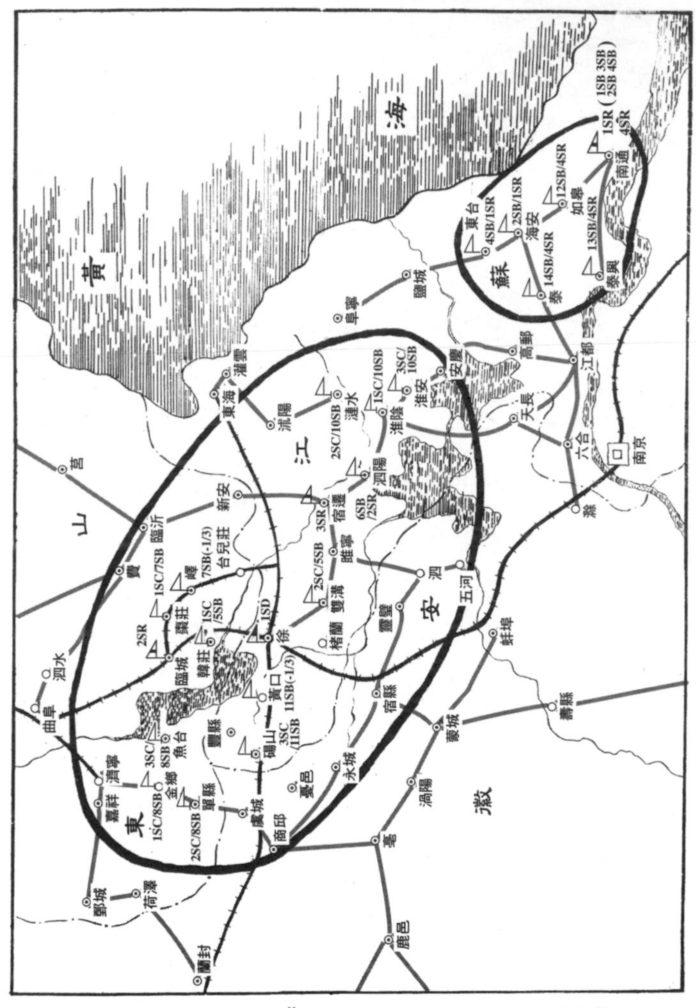

附圖五　國防部人民服務總隊第二總隊兵力部署要圖

中華民國三十五年十二月調製

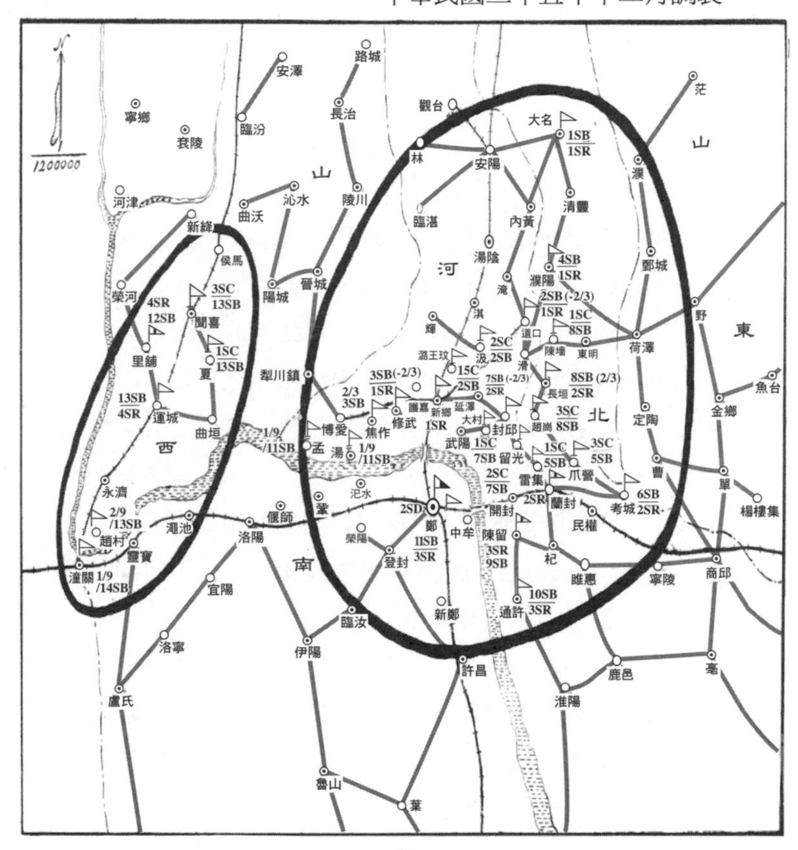

圖例

符號		符號	
	總隊部 SD		公路
	大隊部 SR		省界
	中隊部 SB		鐵路
	區　隊 SC		河流
	小　組 SS		縣城
			要鎮

第二節　劃分綏靖區及民訓工作

第一款　督導綏靖區之民眾組訓

一、綏靖區民眾組訓工作

查組訓民眾之目的，在使全體民眾，意志團結，並培養其自治能力與自衛力量，使能配合軍事行動與黨政措施，澈底消滅奸匪一切組織，迅速敉平禍亂，恢復社會秩序，完成安內與建國大業，惟其範圍甚廣，欲求發揮效能，必先從綏靖區著手，因此對綏靖區民眾，為督導組訓，首先鞏固地方政權，安定社會秩序，達成配合軍事，綏靖地方之目的起見，特著重各地民眾自衛隊之組織，根據卅五年六月院頒「收復省區民眾自衛組訓方案」，指導各地民眾自衛隊之編組，其編組概況及裝備情形，經製定表式，限於卅五年十二月中旬報部，迄至目前為止，報部有案者僅六個省市，預定卅六年二月底全國各省市方可報齊，現行政院綏靖區政務委員會，以民眾自衛隊之組設，旨在肅清匪患，院頒組訓方案適用範圍，自宜以綏靖區為限，是原方案亟有修改之必要，經召集有關單位開會研究結果，參照綏靖區政委會決議之「改善地方團警並組訓民眾自衛隊以利綏靖案」內有關各項，併行修正為「綏靖區民眾自衛隊組訓辦法」（附法二二）令頒實施，嗣有東北、廣州兩行轅，先後請求將其轄區列入組訓範圍，惟以國府核定適用組訓方案地區，僅匪患嚴重之蘇、皖、魯、豫、晉、冀、察、綏、熱、陝、鄂等十一省，東北、廣州兩行轅請求，事實上亦屬需要，除經簽請行政院核示外，為適應當前局勢，參酌奸匪民兵組織，加強並整理民眾力量起見，擬重新擬定各地民眾自衛隊組訓辦法，簽請採擇實施，現在蒐集資料研究中。

二、一般區域民眾組訓工作

組訓工作，不僅有良好之計劃，尤應有認真督導考核之執行單位，始能發揮預期之效果，但因缺乏下層執行機構，對一般區域之民眾組訓，除編纂組訓民眾綱要草案一種，並擬定鐵道沿線組訓民眾辦法，呈准施行外，其關於本部人民服務總隊，與民眾自衛隊之工作聯繫，經訂製辦法頒發施行，至一般部隊各工作單位之民眾組訓工作，應接受指導，使成為民訓業務之執行份子。

第二款　辦理綏靖區劃分事宜

關於行政配合軍事，綏靖區域之劃分，係就軍事形勢，以為劃分，以後再依軍事進展，及政治恢復常態情形增減之，其處理程序如次：

一、一般綏靖區之劃分

根據事實需要，或各省政府請求，就軍事立場，確定劃分區域，並由行政院綏靖區政務委員會核定之，根據勝利後國內軍政演變情況，目下全國暫劃定十二個區。（如附圖六、七）

二、對各省府請求增劃綏靖區案件之處理

今後依軍事上之進展，及政治上之設施，承辦各省府關於綏靖區域劃分上請求之案件，向行政院綏靖區政務委員會行文或商洽，此種請求增劃案件，最近計有：河南劉主席，以豫北之安陽、輝縣、武陟、修武、湯陰、淇縣、建平等七縣，豫東之杞縣、太康、睢縣、通許、民權等五縣，及豫西南之盧氏，向屬匪區，或新近收復，或方在收復，均屬農田荒蕪，村落為墟，請求一併劃入綏靖範圍。豫北之汲縣，豫東之淮陽、扶溝、西華、商邱、陳留、寧陵，豫西南立、信陽、光山、確山、沁陽、洛寧、嵩縣、閿鄉、桐柏、經扶、靈寶等縣，均為匪素日往來竄擾之區，亦請求依綏靖區縣份，減成辦理，俾得收攬人心，安定社會，加強地方組織，配合軍事進展。其次湖北萬主席，以鄂北西區之南漳、穀城、保康、鄖縣、鄖西、均縣、房縣、竹山、竹溪、興山、隨縣、安陸、京山、天門、鍾祥、當陽、遠安、自忠、荊門等十九縣，均為匪盤踞或竄擾之區，請求一律劃為綏靖區，集中軍政力量，澈理肅清匪類，以安民心，業經簽奉主席照准。

第三款　辦理綏靖區難民還鄉

關於難民還鄉事宜，依照原頒難民還鄉團組織辦法，擬訂指導各行轅綏署，完成難民還鄉團之編組，及難民武裝還鄉之進行，據報難民還鄉團在返抵原籍之前進活動時，足以配合部隊行動，因該團之警衛、偵探等隊之組設，堪為部隊行動之外圍嚮導，運輸、交通等隊之組設，堪為部隊運動之協助，對於綏靖軍事之進展，有如輔車相依，收效宏偉，嗣奉行政院節京嘉丙字第二〇〇四四號訓令，以難民還鄉毋庸組織，前准經費撤銷，故難民還鄉團之組織，遂成停頓狀態。

附法二二　綏靖區民眾自衛隊組訓辦法

一、綏靖區匪患嚴重，各縣應組織民眾自衛隊，隸屬於各該管省政府，並受當地軍事長官之指揮。

二、民眾自衛隊，應就十八歲至四十五歲壯丁嚴格選擇編組，以每保編成一自衛隊，每鄉（鎮）編成一大隊，每隊編成一總隊為原則，保隊以下，分設盤查哨、守望哨、遞步哨、偵察班、嚮導組、救護組、供應組、運輸組、工程組，其組織及編制，均由各省政府依地方實際需要，及人力財力情形按附表酌定之。

三、縣民眾自衛總隊長，由縣長兼任，綜理全隊事務，副總隊長一人，襄助總隊長處理全隊事務，總隊附一人至三人，協助總隊長、副總隊長處理事務，並分掌整訓、經理、武器、通訊、人事及指揮作戰等事宜。鄉（鎮）民眾自衛大隊長，由鄉（鎮）長兼任，另副大隊長一人或二人，保民眾自衛隊長，由保長兼任，另設副中隊長一人或二人，均以通曉軍事，思想純正之公正人士充任，並以本籍為原則。

四、民眾自衛隊之幹部，必要時固定其職務，確定其補給，以為自衛隊之骨幹。

五、民眾自衛隊，以不脫離生產為原則，應避免軍隊形式（不必一定製備制服），而具有自衛之實際力量。

六、民眾自衛隊各級幹部，應由各省幹訓團、行政區幹訓班、縣幹訓所施以短期訓練，俾了解民眾自衛隊之組訓意義及運用方法。

七、民眾自衛隊之訓練，應著重各種自衛技能及政治教育，避免制式教練，並以不妨礙農作時間為主。

八、各省政府應訂民眾自衛隊督訓辦法，會同當地軍事長官，派員切實督導實施。

九、民眾自衛隊之武器，以民眾現有者為基礎，必要時得由省政府請求國防部點驗補充之。

十、民眾自衛隊之經費，由各縣縣政府、縣參議會會商籌措，並得在本年度徵收田賦留縣免繳之款內動支，其呈准免賦縣份，在中央撥發之補助費內動支，其數額均由省政府核定。

十一、在施行本辦法之省份，國民兵組訓暫緩辦理。

附圖六　綏靖區及新收復將收復縣數統計表

第二科調製

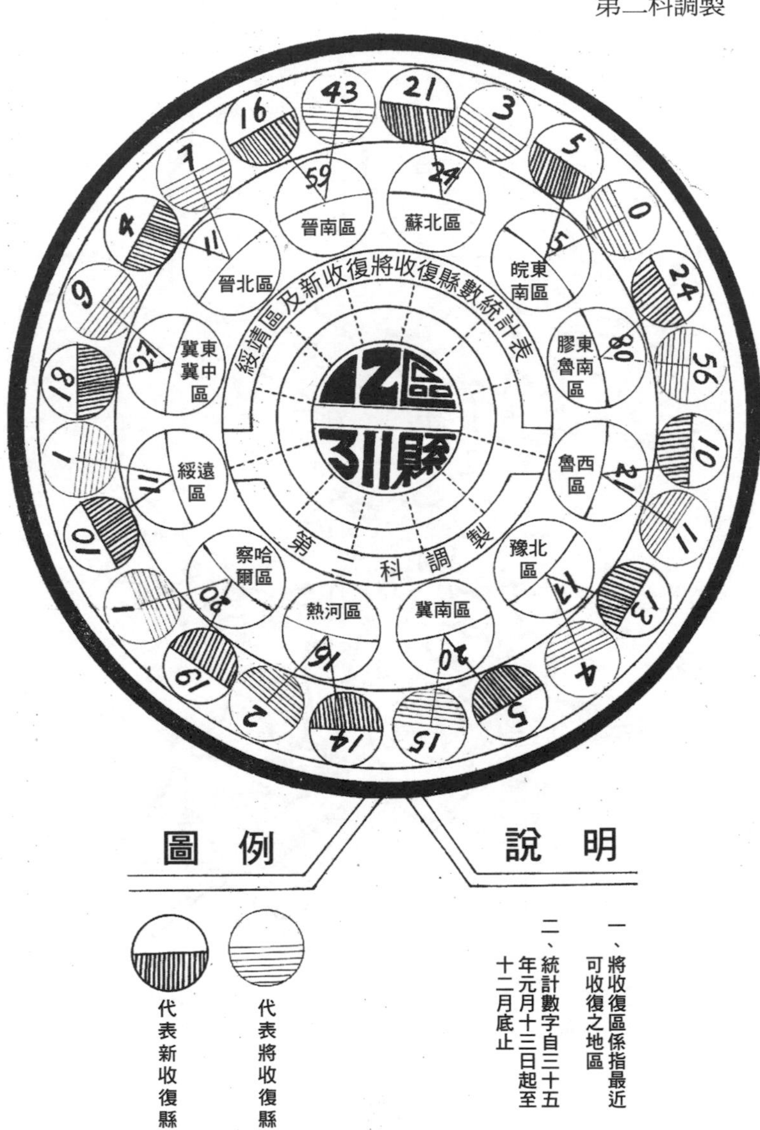

附圖七　行政配合軍事綏靖區域劃分要圖

卅五年十二月二十四日
第二科調製

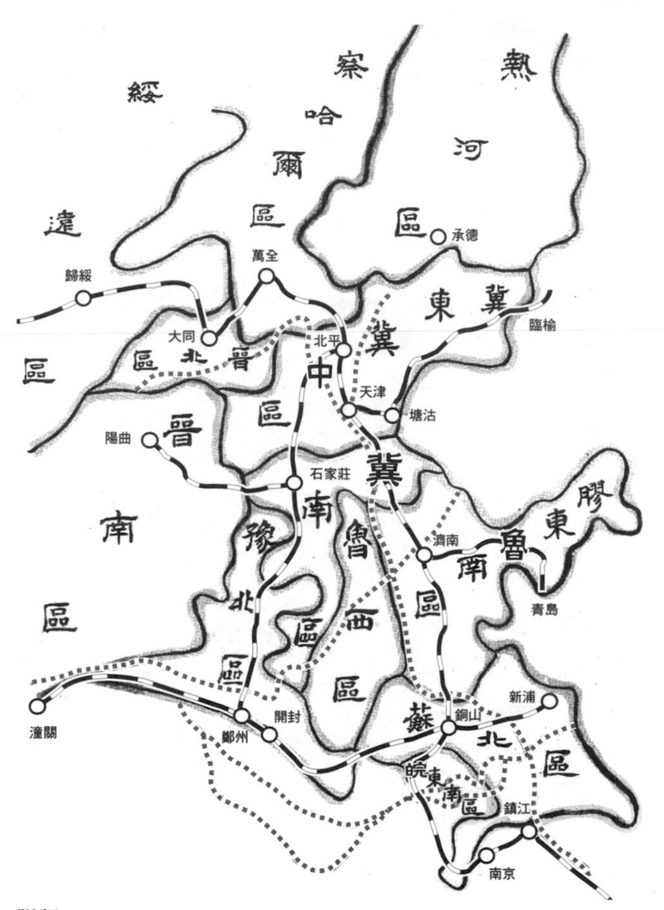

附記
豫鄂兩省請求將安陽、南漳等縣劃入綏靖區範圍，或依減成辦理之各縣，經奉主席照准，惟綏靖區政務委員會尚未正式函知，故未列圖。

第三節　戰地土地經濟及封鎖

第一款　戰地救濟

戰地救濟，為作戰期中打擊奸匪製造飢饉混亂政策之致命傷，亦為樹立地方政權，推行戰地政務前之第一步工作，關於救濟工作之處理，可歸納為三大部門：

一、急賑：收復區之緊急救濟，經分別商請社會部、善後救濟總署、農民銀行、衛生署等機關辦理，或簽請主席撥款行之。嗣行政院綏靖區政務委員會成立，組設難民急賑總隊部，以推行急賑業務。

二、一般救濟：係屬不在綏靖區內之一般救濟，此種案件，為協助有關機關辦理。

三、關於過去曾任軍事工作人員，請求救濟事項之協助，臨時轉請有關機關辦理。

第二款　土地處理

關於對收復區土地問題處理原則，經搜集有關資料，草擬收復區土地改革實施辦法，經呈報請核，於十月十六日國防最高委員會通過，已於十月二十三日，由政院公佈施行，故對綏靖區土地問題，一切遵照該項綱領及實施辦法辦理。（如附法二三）

第三款　財政金融

一、九月間，曾草擬處理「抗幣」辦法呈核，但未奉批示，十月間綏靖區財政金融緊急處置辦法頒佈，除轉知人民服務總隊外，一切遵照該辦法處理。

二、建議中中交農四行聯處，遍設綏靖區內之金融機構，並擬送設立銀行之地點廿個，後據該四行聯處函復，已參照民事局建議設立，惟迄目前為止，開業者為數甚少。

第四款　匪區封鎖

卅五年九月間，草擬匪區交通經濟封鎖辦法草案，十一月間經由綏靖區政務委員會通過實施，並擬附頒兩種補充辦法，其一為劃定封鎖線，其二為邀集有關部會商訂違反物品處理辦法，正辦理中。

附法二三　綏靖區內土地處理辦法

第一條　綏靖區內土地權利之處理，依本辦法之規定，本辦法未規定者，依照土地法及其他法令之規定。

第二條　綏靖區內土地權利之處理，由省政府督飭縣市政府執行之。

第三條　縣市政府，得呈准省政府，就縣及各鄉鎮組織地政調處委員會，調處有關土地權利之糾紛，不服其調處者，仍得訴諸司法機關受理，縣及鄉鎮地權調處委員會之組織與任務另訂之。

第四條　綏靖區內之農地，其所有權人為自耕農者，依照原有證件或保甲四鄰證明文件，收回自耕。

第五條　綏靖區內之農地，其所有權人非自耕農時，在政府未依法處理前，准依原有證件或保甲四鄰證明文件保持其所有權，並應由現耕農民繼續佃耕。綏靖區內佃租額，不得超過農產物三分之一，其約定以錢幣交租者，不得超過農產正物三分之一之折價。

第六條　在變亂期間，農民欠繳之佃租，一概免予追繳。

第七條　綏靖區內之農地，經非法分配，無法恢復原狀者，一律由縣政府依本辦法徵收之。

第八條　前條被徵收土地之地價，由縣政府依法估價後，折合農產物，以土地債券分年補償之，土地債券，以農產物為本位，其償付期間，最多不得超過十五年，由省政府請行政院考定之。

前項土地債券，由四聯總處指定中國農民銀行發行，其辦法另定之。

第九條　被徵收土地，應依照原有土地權利證件，向縣政府申請領受補償，其權利有糾紛者，應經調處或判決確定後，再授以領受補償。

前項土地權利證件遺失者，得由本鄉保甲及四鄰負責證明，准予領償，其朦領及偽證者，一經查覺，即予追繳，並依法懲辦。

第十條　綏靖區內無主土地，或原所有權人逃亡者，應即由縣政府依本辦法第七條之規定處理之。

前項逃亡之土地所有權人，如在兩年以內回鄉，得憑原有土地權利證件，依本辦法之規定聲請領受補償，逾期即不再予補償。

第十一條　依本辦法徵收之土地內，縣政府依左列優先次序分配於人民，繳價承領自耕。

（甲）變亂前原佃耕人。

（乙）現耕種人。

（丙）有耕種能力之退伍士兵及抗戰軍人家屬。

第十二條　農民依前條承領土地後，應即依然估定地價折合農產物，分年向中國農民銀行繳納之，在未償清以前，以承領之土地為抵押擔保。

前項分期繳納期限，最多不得超過十五年，由省政府報請行政院核定之，承領人得於規定期限內，提前將地價繳清。

第十三條　農民承領之土地，如曾經政府實施重劃或改良者，得有省政府酌定加收工程費，亦折合農產物併入計算。

第十四條　承領土地之農民，不依本辦法之規定，按期繳納地價者，得由縣政府將所領土地收回，重行放領，其已繳納之地價，應以農產物或其折價一次付還，但因天災荒歉，由政府特准延期繳納者，不在此限。

第十五條　依本辦法承領之土地，應由縣政府發給承領人，以土地所有權狀並依法令管理之。

前項土地所有權狀在地價未償清前，應存中國農民銀行作為抵押品。

第十六條　綏靖區內之公地公荒，應由具有耕作能力之退伍士兵及抗戰軍人家屬優先承領。

第十七條　依本辦法規定，承領土地之農民，在地價未償清以前，如怠於工作，或將土地出佃時，由政府收回土地，重行招致自耕農民承領耕種。

前項原承領人，已繳付地價者，政府應於回土地時，照所繳原價額發還之。

第十八條　依本辦法之規定，承領土地之農民，應自承領土地之日起，依法繳納土地賦稅。

第十九條　依辦法承領自耕地之農民，應由政府指導其組織合作農場，並輔助其經營，其辦法另定之。

第二十條　綏靖區內城市土地及建築用地之處理辦法另定之。

第二十一條　本辦法自公佈日施行。

第四節　戰時重要社會調查及處理

第一款　軍民糾紛及人民請願訴願之處理

根據民事組織原則，為切實促進軍民合作，推動民事業務起見，關於處理軍民糾紛及人民請願案件，恆以公正不阿之調人態度，依法處理，施行以來，軍民稱便，控案亦日增加，惟控案種類複雜，牽涉甚廣，受理範圍，自需明確區劃，俾有成規可循，每日接受控案平均不上廿件，或為征屬榮軍及退役軍人之權利遭受侵害請求保障，或為人民因受軍事事項控告當地政府，或為民事訴願，或為房屋糾紛，均依案情內容及事實需要，或派員實地調查，或會同有關機關承辦，或委託地方機關查復，務期案情明確合理解決，然決不稍侵司法、軍法及行政法之範圍。

第二款　綏靖區糧食物資之處理

綏靖區糧食之處理，關係軍糧民食極為重要，為謀合理處理以應事機起見，均遵照綏靖區政務委員會公佈之「綏靖區田賦糧食管理辦法」處理，該項辦法，電飭綏靖區各省遵行。

本年各省秋收豐稔，形成穀賤傷農現象，為謀救濟農村預防災歉，以及適應特殊需要起見，曾分函各省主席，建議辦理積穀備荒，據部分省份函復，業已查酌地方情形，切實辦理，但貧瘠省份，無力儲藏，囑轉催糧食部、農民銀行速籌設常平倉，及舉辦穀物抵押貸款，藉以調濟農村經濟，業經分別電請糧部、農行辦理。

為求與糧食主管機關切取連繫起見，有關糧食處理案件，均與糧食部會商辦理，各省復員工作報告內糧食物資部份，均經簽註意見，會同指飭，以期事半功倍。

第十三章　新聞局

第一節　教育報導

查軍中新聞工作，係以教育報導為重心，我國軍隊政治工作，過去已有悠久光榮之歷史，此次為適應時代與綏靖建軍之需要，爰有進一步改組軍隊政治工作為新聞工作，新聞局首先成立，各級單位即將完全改組，期以教育與報導之新姿態達成「綏靖救民」、「建軍救國」、「行憲建國」之歷史使命，其業務範圍，現經詳加確定為：（一）該局所轄各級機構之工作設計與指導。（二）軍中普通教育、技術教育及社會教育之設計與指導。（三）各級工作報告之審查及督察、指導、考核事項。（四）關於官兵心理生活態度風氣之研究及報告編擬事項。（五）關於軍事學校、軍醫院各項有關教材之編審事項。（六）關於各部隊之靜態及動態之調查事項。（七）關於康樂器材之設計籌劃與備配事項。（八）關於各種傳單、小冊、圖畫、書籍、標語，及其他定期或不定期書報之翻譯、編印、發行事項。（九）關於新聞、電影、影片與劇本、歌曲、軍樂等編審及其他有關事項等。

第一款　教育

（一）關於工作規劃者

一、訂頒黨政軍聯席會報（會議）實施方案

黨團軍政機關之工作密切配合，集中力量，實為當前剿匪最重要之工作，針對此項需要，經擬定「收復地區黨（團）軍政會報（會議）實施方案」。實施以來，各地對於綏靖工作之推行，均能和衷共濟，通力合作，尤以徐州綏署成效最著，嗣以復員善後工作，亟待加強推進，經行政院綏靖區政務委員會，將本辦法修改為「加強黨政軍聯席會報實施辦法」呈准施行，經此次修正頒行實施後，各綏靖地區均運用會報發生偉大成效。

二、遵行主席「節約建國」訓示

主席於慶祝還都民眾大會時，曾有「節約建國」之訓示，本部為宣達並響應主席之號召，特編印「士兵節約讀本」一種，分發各部隊士兵閱讀，並通飭各級政工人員，以身作則，為官兵表率，各連指導員尤須切實指導士兵瞭解節約之意義，並謹遵力行。

三、頒發綏靖時期各部隊政治工作大綱

自三十五年七月以後，進入收復區各部隊之任務與抗戰時及勝利後不同，蓋抗戰所以救國，剿匪所以救民，本部鑑於當前任務之重大，爰遵廬山政工會議時主席訓示及決定事項，參酌各方意見，訂定綏靖時期各部隊政治工作大綱，令發各級單位遵照實施。

四、檢查綏靖區政工實施情形按月表報

查綏靖政工項目規定，協助地方行政，組訓民眾，協助復員善後，促進軍民合作，辦理文教宣傳，加強情報鋤奸，整飭軍紀，防止兵運等八項及子目多種，如恢復政權，整理保甲，建立民意機構，協助地方幹部訓練，設立盤查哨，籌組善後協進會，調處土地問題，協辦二五減租，調劑糧食，推行合作軍民聯歡會、愛民會之舉辦，及民眾問事處、施診處、通俗演講所、民眾閱覽室、民眾學校等之設立，與音樂戲劇之演出，通俗畫刊讀物之出版等，其實施情形與工作人員成績之考核，賞功罰過，至關重要，奉主席手令規定，按期於次月五日報核，為便於考查，遵訂綏靖政工實施報告呈核表、工作成績考核呈核表及政工人員功過賞罰呈核表各一種，通飭各整編旅以上政工單位遵照填報，限於每月二十五日前呈報彙辦，經自九月份起經常辦理，並注意罰過重於獎善，及賞從下起與罰自上先之原則，辦理以來，政工人員精神極為振奮，其忠勇壯烈之事跡，尤多足稱述者。

五、廢止各級政工人員查報人馬暨監察部隊經理辦法
查監督報部隊經理業務，乃前軍委會列為政工重要工作之一，該局成立後，以業務職掌，各有專司，是項規定自應予以修正，當令該局會同監察局、聯勤總部等有關機關研議，經本部通令廢止，但各級政工人員仍須負協助辦理之責。

六、擬定各級新聞工作改進方案
政工機構，即將改組為軍中新聞（訓導）工作機構，並一律列為軍事機關部隊學校之建制幕僚單位，藉以統一國軍機構，加強部隊建制，

融合軍政意見，集中領導力量，改組後之新聞工作人員，已變為部隊成員之一，由配署變為隸屬關係，其身份已有明白確定，今後分工合作，僅有職務之不同，並無地位之差別，經擬方案，包括平時各級部隊、軍事學校、軍醫院各級單位，及綏靖時期部隊各方面之職掌，均有明文規定，庶有所依據。

七、擬訂卅六年度新聞中心工作實施綱要

本年度結束，明（三十六）年度部隊、學校、醫院新聞中心工作，亟應釐訂，使能於各級機構改組之時，各項工作均有依據。

八、編印軍官綏靖手冊

查綏靖軍官手冊，奉主席手令飭編，但以內容大部分涉及地方行政，乃咨請內政部擬編，仍交由本部審核，直至十二月下旬，始行定稿呈准付印。

（二）關於工作指導者

一、派出督察專員出發督導工作

該局為督察各級政工機構，加強綏靖區政工起見，特組織綏靖區督察組，分別前往各綏靖區實施督察工作，並擬訂實施綱要一種，及該局出發督察視察人員工作報告逾期呈報處分辦法施行，計派督察專員二十二員，於十月中旬，先後出發工作，十一月底返部，檢討此次派出督察工作，成績甚佳，一方面宣達主席之意旨與要求，使各級感奮遵行，另一方面下情亦能上達，得據作應興應革之參考，各級部隊均深表同意，予以熱忱協助，且有希望能長期派員隨軍工作者，今後當仍繼續辦理。

二、研討對於奸匪訂頒之「解放目前工作大綱」對策
奸匪在匪區，為企圖挽救回其已渙散之軍心，及欺騙畏之若蛇蠍之匪區人民，繼續供其驅使計，曾發佈所謂「解放區目前工作大綱」，令該局會同第二、三、五各廳、民事局、保安局等單位研討對策，幾經洽商，乃擬訂「對於奸匪訂頒之『解放區目前工作大綱』對策」呈請主席鑒核，並摘要通飭各部隊及政工單位遵照施行。

（三）關於工作考核者

一、擬訂各級政工單位工作考核登記簿冊，及分類檢查表式，嚴格辦理考績。

二、審核各級單位建議事項，以備採擇參考。

三、擬訂各級單位三十五年度工作考評表，分飭各中間機關填報，並通飭各整編師以上單位呈報本年度工作總報告，以資比照考核。

四、訂頒本年度七至十二月份各部隊綏靖政工概況調查表，通飭各級遵照填報，注重數字，以便統計。

五、擬訂本年度各級單位年度工作考績之各項表簿樣式，並彙集各項考績資料。

六、修訂各級單位三十六年度各項工作報告範式。

七、審查各級單位官兵政治教材，並計劃統一編印。

八、整理各師以上政治部綏靖工作及其困難情形列表彙復，並分函有關機關核辦。

第二款　報導

（一）關於調查情報者

一、調查全國國軍團長以上人員略歷

該局奉主席手令，飭調查全國國軍團長以上人員出身經歷，遵經製頒調查表式，通飭各級政工單位依式填報，限於十二月底送局彙辦，除邊遠地區部隊尚有七個單位未報外，均經整理考核彙呈主席，以供參考。

二、蒐集敵（匪）情報

接管前軍委會政治部業務，規定各級政治部應利用所組織之各種情報機構，偵查敵（匪）軍事情報，每週彙報一次，遇有特殊情況，則隨時呈報，並直接向有關機關搜集所得資料，加以整理判斷，並將其重要軍事策略陰謀每週編印一般情報彙編一期，分發有關機關參考。

三、黨派調查編印參考資料

為明瞭黨派活動情形，使各級政治工作人員有所參考起見，特就各級單位暨各有關方面報送之資料，每週整理編印「參考資料」一種，分發各單位參考，半年以來，計編印十九期，每期鉛印一千二百份，材料相當豐富，惟因交通關係，未能爭取時效與主動，正力求改進。

（二）關於肅反及政工情報組訓工作

一、健全各級政工情報小組及訓練

各級政工情報小組之建立，原為前軍委會政治部規定業務之一，該局成立接管後，即加強其工作，並計劃訓練擔任情報人員，調整充實之，京市各政工單位，每月召開情報會報二次，經常研討工作技術及蒐集方法，交換情報及工作意見。

二、防奸肅反工作之展開

查部隊學校防奸肅反工作，經前軍委會頒發政工情報綱要及防奸肅反方案，施行以來，從未間斷，該局成立後，即通飭賡續辦理，以鞏固官兵員生之思想信仰，以防止兵運之發生，對於投誠之奸匪，經通飭予以有效之感訓，並蒐集其活動陰謀與企圖資料，提供綏靖部隊主官參考，藉以鼓勵奸匪投誠，而收瓦解奸匪之效，惟以人力財力限制，是項措施未臻預期目的，正妥訂辦法，以圖改進。

（三）關於配備設計與書刊之發刊

一、擬訂設立各級中山俱樂部辦法及設備標準

為使官兵身心陶冶，有所寄託，而益勵其忠貞，為國之決心，貴於平時養成，故環境設備，尤感需要，奉主席子寒府軍愛字第二四〇號代電，飭擬訂中山俱樂部組設辦法及設備標準後，即擬定辦法及預定進度為（一）三十五年十二月以前完成全國整編部隊中山俱樂部之設置。（二）三十六年元月至六月分三期補充中山俱

樂部之設備，業於三十五年十二月二十一日由本部通飭各行轅綏署戰區及幹訓師整編部隊，規定連以上各級單位，各設中山俱樂部一所，設備費十萬元，由各單位常備金項下撥支，並定設備標準，今後部隊之體育運動娛樂器具與文化設施可望日臻完備矣。

二、配備收發音機以提倡中軍娛樂教育

奉主席（三十五）機密甲九六〇四號手令，飭每團配發收音機三架，經飭該局與通訊司洽辦結果，各行轅綏署戰區及軍師單位已各發收音機一部，有三十五個軍每團先各配發一部，尚有五十個軍所屬各團未發，業向美國訂購，俟運到後陸續配發。

三、加強電影放映工作

奉主席手令，每團每週應放映電影一次，現有電影隊四十個，全國單位為八百個，為遵行主席意旨，擬計劃增擴為一百個電影放映隊，在未實現前為加強工作起見，特暫定每師每月放映一次，並於配屬之附近地區巡迴放映，嗣以是項業務奉令劃歸聯勤總部主管，業已移交該部實施中。

第三款　宣傳

（一）宣傳方針之指示

一、該局為適應綏靖政策，強化宣傳工作，乃於本年九月製定綏靖時期宣傳工作綱要，頒發各級政工單位遵照實施。

二、為針對時勢之變遷，在宣傳上予各級單位及新聞機構臨時指示，本部每週頒發宣傳要點一次，藉以指示機宜，自七月份起截至本年底止已發二十四次。

（二）軍中新聞之編發

一、關於時事之報導，自該局成立軍聞通訊社後，即開始發稿，每日編擬中外要聞約一千二百字，用無線電拍發各部隊，另有新聞稿一種，分送各報社及軍事機關參閱。

二、為宣揚公正言論，以堅定軍民信念，由該局軍聞通訊社撰擬時事專論，每次約一千五百字，每週二次或三次，用無線電拍發各部隊。

（三）擴大宣傳

一、為提高軍民建國信念，並確保勝利成果，於「七七」、「八一五」、「九三」、「雙十節」、「國父誕辰」、「第七屆防空節」、「主席六旬榮慶」、「三十六年開國」等紀念日，飭各級政工單位擴大宣傳。

二、為鞏固統一，安定社會，迭飭各級政工單位擴大策反宣傳，以冀被奸匪裹脅之民眾及共黨覺悟份子投誠來歸。

三、奸匪禍國殃民之罪行，應予普遍揭發，奸匪之詭計陰謀，尤須盡力防範，為適應此種需要，乃飭各級單位協助地方政府擴大民間反奸黨宣傳，以加深民眾對奸匪暴行之認識，並提高其警覺性。

（四）編發宣傳品

一、當此戡定內亂，綏靖地方之時期，對於三民主義，應多加闡明，對於施政方針應有所宣揚，對於奸黨謬論應予以指斥，對於匪軍陰謀應即時揭發，本部針對此種需要，由新聞局編印宣傳書刊，分發各單位，作為宣傳之研究及參考資料，名稱如次。

1. 屬於總理遺教及總裁訓示者四種

(1)總理遺教六講。

(2)總裁革命的理論與實踐。

(3)中國之命運。

(4)總理遺教與總裁言行講授綱要。

2. 屬於工作指導者八種

(1)對於建國工作之研究。

(2)軍官總隊的任務及其訓練的要點。

(3)政工人員今後應有之努力。

(4)特種兵的任務和努力的方向。

(5)青年遠征軍訓練的新方針。

(6)現代陸軍軍事教育之趨勢。

(7)建國干城。

(8)「七七」抗戰史蹟專冊。

3. 屬於綏靖工作者八種

(1)綏靖政工手冊。

(2)整軍與建軍。

(3)參考資料。

(4)國際現勢講授綱要。

(5)國內大勢講授綱要。

(6)三民主義與共產黨主義講授綱要。

(7)中國黨派問題講授綱要。

(8)中共史實講授綱要。

4. 關於指斥奸匪者七種

(1)中共的政治工作。

(2)如何消滅我們最後的敵人。

(3)剿匪戰術之研究與高級將領應有之認識。

(4)中國共產黨是什麼東西。

(5)中國共產黨的真面目。

(6)蘇北中共暴行。

(7)共產黨在蘇北。

二、為指導各級業務，並展開對社會之宣傳，該局編印期刊六種，每期共發行五萬份，其名稱如次。

(1)國防月刊。

(2)新聞導報半月刊。

(3)建國青年半月刊。

(4)時代周刊。

(5)文化週刊。

(6)士兵週刊。

三、為宣佈匪軍暴行，促使奸軍投誠起見，編印普通傳單十一種，計發行二百六十萬份，更編印美術傳單十種，計發行二百萬份，傳單之散發，大多與軍事相配合，每一會戰發生，即集中力量，加強宣傳，除派飛機前往空投外，並派專人運往前線各部隊，暨鄰近戰區各地，隨時散發，且將樣品寄往各行轅戰區及綏署政治部翻印轉發，各項傳單散發後，匪區民眾及匪軍爭相檢閱，祕密收藏，以作反正之有力保證，現各地攜帶傳單投誠者，日有所聞，亦可見宣傳效力之一般。

第二節　立法聯絡

本部改組成立，原有各種法令規章，均待修訂審議，而綏靖時期諸項措施，急如星火，亟需訂頒法規，以為綏靖工作之準繩，故任務之繁鉅，責任之重大，自不待言，惟以諸種條件限制，故未能盡如計劃實施，完成任務，茲將半年來工作概述如下。

第一款　立法

（一）擬訂工作

一、在此綏靖時期，立法自以綏靖為主，綏靖區內政權賴軍事以確保，行政賴軍事以推行，惟軍事之進展，亦多賴行政機構之輔助與人民之協助，為使早日恢復地方政權，健全地方保甲，安定人民生活，促進軍民合作起見，特擬訂「收復區各級部隊長協助推行地方自治暫行辦法」、「綏靖區政工主管人員對收復區各縣鄉（鎮）地方行政協助辦法」、「綏靖時期督辦清鄉暫行辦法」及「軍民合作站組設辦法草案」，與實施細則及收容傷病官兵辦法，前三項辦法已頒佈施行，惟軍民合作站組設辦法尚未奉核定。

二、為實行整軍、建軍計劃，統一部隊編制，適應環境需要，將政工機構改為新聞（訓導）機構，擬具「部隊各級新聞處室編制草案」、「軍校各級訓導處編制草案」，及「醫院各級訓導室編制草案」等草案。

三、關於青年軍政治部編制（師用甲三級，旅用乙一級，團用一級，各連普設連指導並增設幹事一員），惟政治教官員額及任用，政治隊俱樂部中山室之設置，及原配設之小型演劇、放映隊、廣播隊、電訊班、簡報班等之配設及預算經請示及始規定五項辦法，分電飭遵。

四、設置師管區新聞機構，參照師團管區組織區域單位計劃表擬訂計劃。

此外當擬訂有本年「七七」追悼抗戰死難軍民大會舉行辦法、備役軍官佐優待保障條例、受訓軍官佐轉任地方行政人員條例及「匪軍投誠被俘處置及獎賞辦法」、「青年訓導大隊組訓辦法」之擬訂事宜。

（二）審查與研議

此項工作，半年來處理，計重要立法案件凡九七三件，均依據法令隨到隨辦，未嘗延誤，惟原有法令，因改組多不適用，而新法令尚未奉頒，紛紛自動擬訂法規呈報備查，因各機構又將改組，未便即擬頒諸項辦法，暫准實施。

至於研議方面，計有主席交議恢復秩序期間，如何各地方參照軍法原則制定單行法令要點案，與清寒軍官子女可否免費入學案，及現役軍人應否參加競選縣市議員案，均經分別詳細研擬。

（三）編訂法令

為使各項法令有條理有系統，容易保存及翻閱起見，將有關綏靖區各種法令編為「綏靖政工手冊」，頒發綏靖區政工單位，內容分主席訓示、綏靖區施政綱領、綏靖時期部隊政治工作大綱工作實施辦法，暨有關法令等部門，以需要急迫，於匆促中編印成帙，嗣以該項手冊中法令修正頗多，且有多種有關法令，亟待編入，故已著手修訂續編矣。

關於彙編重要軍事法規工作，現尚在籌劃中，此外為使新聞班學員畢業後赴收復區對民運工作易於展開，及有所遵循起見，特編纂「如何辦軍民合作站」、「如何編查保甲」、「保甲的編查與實施」及「新縣制」等四種講義印發。

第二款　聯絡

（一）聯繫協商

一、部外聯繫

經常派員與政府各院部會，及首都機關法團聯繫探詢立法動態，或作專業協商者計七六次。

二、下級聯繫

通令各級政工單位，隨時注意中央有關軍事法令，在各地之實施情形具報，並適時指導各級協助政令之推行者三二次。

三、蒐集資料

報章資料之蒐集，經分門別類，剪輯編訂，計分 1. 有關憲法之論著及建議。 2. 地方政府頒行有關國防法令規章。3. 各黨派言論及其組織。4. 有關國防社會科學及自然科學論者。5. 國際機構及各國國防動態。6. 國內各社團動態等六大項。各機關及各省市之分報及其他有關立法資料計蒐集四百二十冊。

（二）研究協導

一、分析資料，摘製索引，以便檢查。

二、研究各地有關法令實施報告，並隨時提供意見，以作修訂法規之準備。

三、召開立法座談會研究立法之程序，與技術問題。

四、研議民事、新聞兩局執掌劃分。

五、計劃並承辦軍事機關黨團活動黨員特別捐，並依照中央法令處理，軍人黨員黨籍之移轉事項。

（三）編行公報及其他

一、本部公報編印，於十月份起，每月印行兩期，迄年底止，共編六期，除第一期依照原計劃印刷五千冊，因不敷分配，自第二期起，每期各印八千冊，共計發四萬六千冊，按期寄發全國四千餘單位。

二、憲法制定後，經翻印小冊及單頁各五十萬份，除元旦日參加本市遊行列車散發二萬份，交由空軍總司令部以飛機散發匪區三萬份外，其餘轉發全國各政工機構教材及宣傳之用。

第三節 社會關係

本部為維持國軍高度士氣，供給全國部隊官兵一般文化食糧，在在均須與社會建立密切關係，始易推動其工作，故於成立初，即以該局掌管社會關係，其業務分為兩部門，一為聯絡調查，一為輿情研究，此兩項業務，均為新興之工作，聯絡調查即凡當本部往來之國內外重要軍官及社會人士之招待與聯絡，各機關團體負責人員住址經歷之調查，暨定期舉行記者招待會，籌備各種紀念日，組織記者視察團，派員參加慰勞工作均屬之。

輿情研究，其工作較為繁雜，首須蒐集資料，如中外報紙雜誌，均設法訂購，以作研究之根據，按週將研究結果，撰編輿情報告與輿情類編兩種，前者以呈供主席參閱，後者則印發各級單位參考。

第一款 聯絡調查

（一）調查

本部於成立時，即感與各方聯絡殊少資料參考，故首先飭該局著手調查，如各機關團體科長以上人員之姓名經歷，各報社雜誌之言論背景，及其負責人之思想品德，分別派員調查，半年來統計派出調查達一百二十一次之多，所得資料甚夥，特編印名冊一種，按軍事、行政、民眾團體等三部份分類裝訂，以備隨時查考。

（二）聯絡

聯繫工作，為推行業務之重要因素，該局職司軍隊政治教育與軍事新聞報導，自須與各方取得密切聯絡，尤其與有關之國內外重要人員及機關團體，更須隨時聯繫，當派定人員，分別負責，計普通之聯絡與訪問有一百廿二次，其特殊之聯絡亦有一次，即國民大會開會期間，本部派高級人員與各代表切取聯絡。

（三）招待會

招待會計有二種，一為記者招待會，一為普通聯誼之招待會，茲分述如次。

一、記者招待會，原定每週一次，迨後以中宣部既經常舉行記者招待會，本部乃改為視臨時需要而舉行，綜查半年來舉行四次，七、八月份各一次，十月份兩次。

二、各地黨報社長，於十一月初集會首都，特舉行招待會，藉以加強聯誼，並交換工作意見。

三、歷次留美軍官出國前，該局均舉行茶會歡送，並盡可能供給各種國外資料，俾彼等在國外能明瞭該國情況。

四、國民大會各代表均係來自各地，此次參加制憲至為辛勞，為示優禮與敬佩起見，特假大華戲院由萬歲劇團上演「紅塵白璧」話劇招待各代表。

（四）籌備各種紀念會

半年來首都舉行之紀念會，不下十餘次之多，如「七七」、「七九」、「八一四」、「八一五」、「九三」、「雙十節」、「總理誕辰」、「第七屆防空節」、「南京青年紀念世界學生日」、「主席六旬榮慶」、「卅六年開國」等紀念會，該局均曾參與籌備，並請本部分別補助其經費，其中以「七七」、「七九」、「雙十節」等紀念所負責任更多，尤以「八一五」招待盟軍舉行之玄武湖園遊會，為該局主辦，並派張處長佛千擔任大會總幹事，查是日到會盟軍官兵全體七百餘人，及本部處長以上、駐軍少將以上共四百餘人，各國武官七十餘人，中央各部會長官二十餘人，暨連同招待翻譯人員等共二千五百餘人，極一時之盛，同時並通電平、津、青島等地，分別舉行招待駐地盟軍，由本部補助經費，平津六千萬元，青島四千萬元，對於增進邦交頗多收效，此外曾於十月中旬在國防部籌辦史迪威將軍悼會，到會中外人士甚多，極盡哀榮盛況，尤博得盟軍重視與好感。

（五）籌組記者視察團

張家口、懷來、大同、古北口、崇禮等地，自被共軍盤據後，焚殺慘狀，亙古未有，經我國軍收復後，曾先後據傅長官作義電報主席請派記者前往視察，藉明共軍暴行，本部會同中宣布籌辦，第一次於十月卅日，由彭部長、該局卿副局長分任正副團長，率領中外記者廿餘人，專機前往，第二次於十二月廿七日，該局派專員丁榮、侯定遠代表參加。

（六）參加慰勞工作

最高當局，以榮譽軍人為國負傷，至深懷念，為示優禮起見，組織四個慰勞團，分往京、滬、蘇北、東北一帶慰勞，該局鄧局長派兼第一團團長，成副處長文秀兼任副團長，並派科員五員，分別參加工作，為時達一月之久，對於激勵士氣，撫慰榮軍，收效甚宏。

第二款　輿情研究

（一）輿情報告

輿情研究報告，每週一期，現已完成十七期，其資料均係根據各報章雜誌言論，擷取其重要及與本部有關部份撰寫成篇，按週分呈層峰參閱。

（二）輿情類編

輿情類編，亦係每週一期，資料來源與輿情報告大致相同，惟力求翔實，每期印刷五千冊，分發各級政工單位及本部各單位參考，截至年終計劃出版至廿期。

（三）時事叢刊

為加強宣傳工作，以配合環境需要，編印叢刊一種，現已出版者有「共產黨在蘇北」，計印刷五千冊。內容完全根據報載共軍暴行實錄，及各政工單位及本部各單位參考，至正在洽印計劃編寫者，尚有「主席六秩華誕集錦」及「誰破壞停戰令」、「兵役論叢」等小冊。

（四）蒐集資料

研究輿情，首重資料，當擬具資料索引，並指定專人負責廣向國內外各地徵集報紙不下二百餘種，其他凡足供參考者，亦設法蒐求，總期能使配合研究工作之需要。

第三款　軍中新聞指導

（一）和平日報

查和平日報，員由前軍委會政治部主導，自軍委會政治部結束後，所有政工業務由該局接管，惟該報設有總管理處，雖已成國營企業，自成系統，然仍受該局指導，現該報一年來先後創辦京、滬、漢、蘭等地分版，業務日趨發展。

（二）陣中日報

一年來各地陣中日報，因部隊推進頗有變動，迄至年終為止，現仍存在者，計太原、溫州、鄭州、雅安等四處，其蘭州、蚌埠、西安、柳州、曲仁等地因經費短絀而停刊。

（三）掃蕩簡報

掃蕩簡報為小型報紙，以配合部隊需要而組設，現有一百卅班，分配屬於全國各部隊，二年來各班工作尚能展開。

（四）軍事新聞通訊社

查軍事新聞通訊社，在前軍委會政治部時，已有組設計劃，惟因種種關係，致未能成立。本部成立後，即著手籌備，於「七七」開始發稿為三日刊，「雙十刊」後改日刊，對於軍中報導，頗著成效。

第十四章　監察局

第一節　建立監察制度

軍事監察制度，在我國尚屬草創，層峰均甚重視，主席卅五年六月十三日機祕（甲）第九六〇九號手令，飭「參照美國陸軍部之視察組織與辦法，擬具軍隊視察具體辦法呈核」一案，經向美國顧問團商借美軍監察指南，譯成中文研究，並經參照擬具建立監察制度計劃三案，呈復主席，為建立監察制度，准於各行轅綏署，於第一處第二科主辦監察業務（員額八員），各總司令部設監察科。

第二節　關於調查情形

（一）於九月上旬起，即開始推動調查工作，迄十二月底止，由該局派員直接調查之案件，計七十九件，前後派出調查人員七十九員，一般成績，尚屬良好。

（二）十一月上旬，先後派出監察官分赴北平、徐州、鄭州、武漢、湘、黔、滇各地區調查重要案件，現各區派出人員，除湘、黔、滇區外，均已調查完畢，返京復命，正分別辦理結束手續。

第三節　關於控訴指摘案件處理情形

由八月份起至十二月底止，共承辦控訴與檢舉案件共二、五四三件，其辦理情形略述於左。

（一）凡遇重大之案件，由監察局長親自調查處理，如雲南省第四補給區之大貪污案，處決少將經理處長吳及等十二員，又關於次要案件，則派監察官或派幹員，親往實地查辦，如解散第二十三集團軍駐屯溪結束辦事處等案，不勝枚舉。

（二）關於重大案件，或須審判之案件，於查明後交軍法處辦理，如中央電影製片廠羅靜予挪公款八千萬元，私自售賣機器案。又整編第四十八師師長張光偉剋扣勝利金、臨時費、官兵主副食費，吞沒常備金與積壓薪餉案等。計由八月份起至十二月底止，共交軍法處審理之案件，合計一百零五件。（附表四二）

（三）關於次要案件，分別電由各行轅、各總司令部、各綏署（或署區或有關保安司令部、憲兵司令部、衛戍司令部、警備司令部），就近派員查報或查辦。

附表四二　國防部監察局三十五年八至十二月受理各種控訴案件分類統計表

案情：尅扣／總計：159							
部別	陸軍	70	省別	江蘇	22	台灣	
	海軍	2		浙江	4	山東	1
	空軍	2		安徽	8	山西	
	聯勤	35		江西	1	河北	4
	兵役	9		湖北	14	河南	6
	軍官總隊	22		湖南	5	遼寧	1
	軍事學校	7		四川	20	吉林	
	其他	12		廣東	2	熱河	
級別	將官	60		廣西	3	綏遠	
	校官	83		雲南	8	新疆	
	尉官	16		貴州	22		
	士兵			陝西	32		
職別	主官	124		甘肅	3		
	非主官	20		西康	2		
	軍需	15		福建	1		

案情：吃空／總計：118							
部別	陸軍	52	省別	江蘇	22	台灣	
	海軍	2		浙江	3	山東	2
	空軍	3		安徽	2	山西	1
	聯勤	29		江西	1	河北	5
	兵役	3		湖北	4	河南	4
	軍官總隊	18		湖南	1	遼寧	3
	軍事學校	7		四川	20	吉林	
	其他	4		廣東		熱河	
級別	將官	39		廣西		綏遠	2
	校官	68		雲南	7	新疆	
	尉官	11		貴州	13		
	士兵			陝西	22		
職別	主官	86		甘肅	2		
	非主官	25		西康	2		
	軍需	7		福建	2		

案情：販毒／總計：82							
部別	陸軍	47	省別	江蘇	4	台灣	
	海軍			浙江	1	山東	
	空軍	8		安徽	3	山西	1
	聯勤	12		江西		河北	
	兵役	4		湖北		河南	4
	軍官總隊	2		湖南	4	遼寧	1
	軍事學校	1		四川	17	吉林	
	其他	8		廣東	3	熱河	
級別	將官	27		廣西	1	綏遠	
	校官	32		雲南	18	新疆	1
	尉官	20		貴州	9		
	士兵	4		陝西	3		
職別	主官	54		甘肅	1		
	非主官	26		西康	10		
	軍需	2		福建	1		

案情：侵蝕盜賣／總計：191							
部別	陸軍	90	省別	江蘇	36	台灣	4
	海軍	7		浙江	2	山東	3
	空軍	9		安徽	7	山西	
	聯勤	39		江西	5	河北	6
	兵役	12		湖北	9	河南	9
	軍官總隊	12		湖南	3	遼寧	3
	軍事學校	6		四川	18	吉林	
	其他	16		廣東	4	熱河	
級別	將官	66		廣西	1	綏遠	
	校官	100		雲南	20	新疆	
	尉官	19		貴州	15		
	士兵	5		陝西	30		
職別	主官	136		甘肅	6		
	非主官	48		西康	2		
	軍需	7		福建	8		

案情：營商走私／總計：155							
部別	陸軍	78	省別	江蘇	20	台灣	1
	海軍	24		浙江	1	山東	
	空軍	12		安徽	8	山西	
	聯勤	20		江西	2	河北	20
	兵役	3		湖北	7	河南	7
	軍官總隊	5		湖南	3	遼寧	16
	軍事學校	4		四川	14	吉林	
	其他	9		廣東	12	熱河	
級別	將官	33		廣西	2	綏遠	1
	校官	75		雲南	2	新疆	
	尉官	27		貴州	9		
	士兵	20		陝西	13		
職別	主官	99		甘肅	4		
	非主官	46		西康	1		
	軍需	10		福建	18		

案情：浮報／總計：66							
部別	陸軍	22	省別	江蘇	7	台灣	
	海軍	1		浙江	1	山東	1
	空軍	5		安徽	1	山西	
	聯勤	11		江西	4	河北	1
	兵役	3		湖北	1	河南	
	軍官總隊			湖南	1	遼寧	2
	軍事學校	12		四川	15	吉林	
	其他	2		廣東	2	熱河	
級別	將官	24		廣西		綏遠	
	校官	34		雲南	1	新疆	
	尉官	8		貴州	16		
	士兵	49		陝西	7		
職別	主官	98		甘肅	4		
	非主官	8		西康	1		
	軍需	8		福建	1		

案情：挪用公款放息／總計：38							
部別	陸軍	13	省別	江蘇	10	台灣	
	海軍	2		浙江	1	山東	
	空軍	4		安徽	4	山西	
	聯勤	12		江西	3	河北	
	兵役			湖北		河南	
	軍官總隊	2		湖南	1	遼寧	
	軍事學校	1		四川	2	吉林	
	其他	4		廣東		熱河	
級別	將官	12		廣西		綏遠	
	校官	21		雲南	3	新疆	
	尉官	5		貴州	7		
	士兵	30		陝西	3		
職別	主官	7		甘肅	2		
	非主官	7		西康			
	軍需	1		福建	2		

案情：接收舞弊／總計：45							
部別	陸軍	21	省別	江蘇	12	台灣	2
	海軍	4		浙江		山東	3
	空軍	1		安徽		山西	
	聯勤	11		江西		河北	2
	兵役			湖北	3	河南	5
	軍官總隊	2		湖南		遼寧	3
	軍事學校			四川	3	吉林	
	其他	6		廣東	4	熱河	
級別	將官	17		廣西	1	綏遠	
	校官	27		雲南	5	新疆	
	尉官	1		貴州	1		
	士兵			陝西	1		
職別	主官	32		甘肅			
	非主官	12		西康			
	軍需	1		福建			

案情：勒索詐取／總計：298							
部別	陸軍	66	省別	江蘇	17	台灣	11
	海軍	12		浙江	25	山東	5
	空軍	3		安徽	161	山西	
	聯勤	13		江西	3	河北	5
	兵役	7		湖北	11	河南	10
	軍官總隊	38		湖南	11	遼寧	5
	軍事學校	11		四川	7	吉林	
	其他	148		廣東		熱河	
級別	將官	27		廣西	1	綏遠	
	校官	67		雲南	6	新疆	
	尉官	50		貴州	8		
	士兵	154		陝西	1		
職別	主官	80		甘肅	6		
	非主官	213		西康	1		
	軍需	5		福建			

案情：兵役舞弊／總計：6							
部別	陸軍	2	省別	江蘇		台灣	
	海軍			浙江		山東	
	空軍			安徽	1	山西	
	聯勤			江西		河北	1
	兵役	4		湖北		河南	1
	軍官總隊			湖南	1	遼寧	
	軍事學校			四川	1	吉林	
	其他			廣東		熱河	
級別	將官	3		廣西		綏遠	
	校官	2		雲南		新疆	
	尉官	1		貴州			
	士兵			陝西			
職別	主官	6		甘肅			
	非主官			西康			
	軍需			福建	1		

案情：濫用職權／總計：119							
部別	陸軍	34	省別	江蘇	19	台灣	4
	海軍	2		浙江	1	山東	1
	空軍	3		安徽	3	山西	1
	聯勤	30		江西	3	河北	1
	兵役	10		湖北	5	河南	6
	軍官總隊	13		湖南	3	遼寧	2
	軍事學校	8		四川	23	吉林	
	其他	19		廣東	3	熱河	
級別	將官	45		廣西		綏遠	
	校官	66		雲南	3	新疆	
	尉官	7		貴州	19		
	士兵			陝西	15		
職別	主官	84		甘肅	3		
	非主官	31		西康	2		
	軍需	4		福建	2		

案情：縱容包庇／總計：59							
部別	陸軍	20	省別	江蘇	13	台灣	2
	海軍	1		浙江		山東	
	空軍	3		安徽	5	山西	
	聯勤	10		江西		河北	
	兵役			湖北	7	河南	2
	軍官總隊	8		湖南		遼寧	1
	軍事學校	2		四川	5	吉林	
	其他	15		廣東		熱河	
級別	將官	20		廣西		綏遠	
	校官	34		雲南	4	新疆	
	尉官	5		貴州	9		
	士兵			陝西	8		
職別	主官	42		甘肅	2		
	非主官	17		西康	1		
	軍需			福建			

<table>
<tr><th colspan="8">案情：偽造冒充／總計：51</th></tr>
<tr><td rowspan="8">部別</td><td>陸軍</td><td>9</td><td rowspan="15">省別</td><td>江蘇</td><td>7</td><td>台灣</td><td></td></tr>
<tr><td>海軍</td><td>1</td><td>浙江</td><td>1</td><td>山東</td><td></td></tr>
<tr><td>空軍</td><td>3</td><td>安徽</td><td>4</td><td>山西</td><td></td></tr>
<tr><td>聯勤</td><td>15</td><td>江西</td><td></td><td>河北</td><td></td></tr>
<tr><td>兵役</td><td>7</td><td>湖北</td><td></td><td>河南</td><td>1</td></tr>
<tr><td>軍官總隊</td><td>14</td><td>湖南</td><td>4</td><td>遼寧</td><td></td></tr>
<tr><td>軍事學校</td><td></td><td>四川</td><td>9</td><td>吉林</td><td></td></tr>
<tr><td>其他</td><td>2</td><td>廣東</td><td>1</td><td>熱河</td><td></td></tr>
<tr><td rowspan="4">級別</td><td>將官</td><td>14</td><td>廣西</td><td></td><td>綏遠</td><td></td></tr>
<tr><td>校官</td><td>30</td><td>雲南</td><td>1</td><td>新疆</td><td></td></tr>
<tr><td>尉官</td><td>7</td><td>貴州</td><td>13</td><td rowspan="5"></td><td rowspan="5"></td></tr>
<tr><td>士兵</td><td></td><td>陝西</td><td>12</td></tr>
<tr><td rowspan="3">職別</td><td>主官</td><td>28</td><td>甘肅</td><td></td></tr>
<tr><td>非主官</td><td>18</td><td>西康</td><td></td></tr>
<tr><td>軍需</td><td>5</td><td>福建</td><td></td></tr>
</table>

<table>
<tr><th colspan="8">案情：殺傷人命／總計：168</th></tr>
<tr><td rowspan="8">部別</td><td>陸軍</td><td>39</td><td rowspan="15">省別</td><td>江蘇</td><td>36</td><td>台灣</td><td></td></tr>
<tr><td>海軍</td><td>9</td><td>浙江</td><td>1</td><td>山東</td><td>19</td></tr>
<tr><td>空軍</td><td>48</td><td>安徽</td><td>63</td><td>山西</td><td>1</td></tr>
<tr><td>聯勤</td><td>6</td><td>江西</td><td>2</td><td>河北</td><td></td></tr>
<tr><td>兵役</td><td>5</td><td>湖北</td><td>2</td><td>河南</td><td>4</td></tr>
<tr><td>軍官總隊</td><td>21</td><td>湖南</td><td>11</td><td>遼寧</td><td>1</td></tr>
<tr><td>軍事學校</td><td></td><td>四川</td><td>6</td><td>吉林</td><td></td></tr>
<tr><td>其他</td><td>49</td><td>廣東</td><td></td><td>熱河</td><td></td></tr>
<tr><td rowspan="4">級別</td><td>將官</td><td>8</td><td>廣西</td><td>1</td><td>綏遠</td><td>1</td></tr>
<tr><td>校官</td><td>14</td><td>雲南</td><td>5</td><td>新疆</td><td></td></tr>
<tr><td>尉官</td><td>27</td><td>貴州</td><td>6</td><td rowspan="5"></td><td rowspan="5"></td></tr>
<tr><td>士兵</td><td>119</td><td>陝西</td><td>5</td></tr>
<tr><td rowspan="3">職別</td><td>主官</td><td>36</td><td>甘肅</td><td></td></tr>
<tr><td>非主官</td><td>131</td><td>西康</td><td></td></tr>
<tr><td>軍需</td><td>1</td><td>福建</td><td>11</td></tr>
</table>

案情：強姦拐帶／總計：50							
部別	陸軍	29	省別	江蘇	2	台灣	
	海軍			浙江		山東	1
	空軍			安徽	10	山西	
	聯勤	6		江西		河北	1
	兵役	1		湖北	2	河南	4
	軍官總隊	5		湖南	4	遼寧	
	軍事學校	2		四川	4	吉林	
	其他	7		廣東		熱河	
級別	將官	10		廣西		綏遠	
	校官	18		雲南	3	新疆	
	尉官	12		貴州	9		
	士兵	10		陝西	8		
職別	主官	19		甘肅	1		
	非主官	30		西康			
	軍需	1		福建	1		

案情：吃毒賭博／總計：71							
部別	陸軍	27	省別	江蘇	6	台灣	1
	海軍			浙江	1	山東	
	空軍	6		安徽	6	山西	1
	聯勤	6		江西		河北	2
	兵役	2		湖北	15	河南	3
	軍官總隊	23		湖南	4	遼寧	3
	軍事學校	5		四川	6	吉林	
	其他	2		廣東		熱河	
級別	將官	19		廣西		綏遠	
	校官	28		雲南	5	新疆	
	尉官	7		貴州	7		
	士兵	17		陝西	5		
職別	主官	39		甘肅	2		
	非主官	30		西康	2		
	軍需	2		福建	2		

案情：軍車肇禍／總計：9							
部別	陸軍	3	省別	江蘇	8	台灣	
	海軍			浙江		山東	
	空軍			安徽		山西	
	聯勤	5		江西		河北	
	兵役			湖北		河南	
	軍官總隊			湖南		遼寧	
	軍事學校			四川		吉林	
	其他	1		廣東		熱河	
級別	將官	1		廣西		綏遠	
	校官			雲南	1	新疆	
	尉官	1		貴州			
	士兵	7		陝西			
職別	主官	3		甘肅			
	非主官	6		西康			
	軍需			福建			

案情：擾民／總計：128							
部別	陸軍	65	省別	江蘇	36	台灣	
	海軍			浙江	1	山東	2
	空軍	1		安徽	16	山西	
	聯勤	27		江西	5	河北	9
	兵役	13		湖北	9	河南	6
	軍官總隊	11		湖南	6	遼寧	2
	軍事學校	2		四川	6	吉林	
	其他	9		廣東		熱河	
級別	將官	20		廣西	2	綏遠	3
	校官	45		雲南		新疆	4
	尉官	41		貴州	8		
	士兵	22		陝西	6		
職別	主官	61		甘肅	2		
	非主官	67		西康			
	軍需			福建	5		

案情：違犯風紀／總計：730							
部別	陸軍	272	省別	江蘇	304	台灣	12
	海軍	31		浙江	58	山東	22
	空軍	205		安徽	27	山西	2
	聯勤	46		江西	35	河北	1
	兵役	1		湖北	16	河南	30
	軍官總隊	87		湖南	28	遼寧	4
	軍事學校	20		四川	114	吉林	1
	其他	68		廣東	2	熱河	1
級別	將官	35		廣西	6	綏遠	
	校官	100		雲南	3	新疆	1
	尉官	89		貴州	39		
	士兵	506		陝西	16		
職別	主官	108		甘肅	3		
	非主官	616		西康			
	軍需	6		福建	15		

合計／總計：2,543							
部別	陸軍	959	省別	江蘇	581	台灣	37
	海軍	98		浙江	101	山東	60
	空軍	316		安徽	329	山西	7
	聯勤	333		江西	64	河北	58
	兵役	84		湖北	104	河南	102
	軍官總隊	284		湖南	90	遼寧	41
	軍事學校	88		四川	286	吉林	1
	其他	381		廣東	33	熱河	1
級別	將官	480		廣西	18	綏遠	7
	校官	844		雲南	95	新疆	6
	尉官	354		貴州	210		
	士兵	865		陝西	192		
職別	主官	1,116		甘肅	41		
	非主官	1,352		西康	24		
	軍需	75		福建	63		

百分比							
部別	陸軍	37%	省別	江蘇	22.00%	台灣	1.45%
	海軍	4%		浙江	4.00%	山東	2.30%
	空軍	12%		安徽	13.00%	山西	0.27%
	聯勤	13%		江西	2.50%	河北	2.30%
	兵役	3%		湖北	4.00%	河南	4.50%
	軍官總隊	12%		湖南	35.00%	遼寧	1.60%
	軍事學校	4%		四川	11.00%	吉林	0.05%
	其他	15%		廣東	1.30%	熱河	0.05%
級別	將官	18%		廣西	0.80%	綏遠	0.27%
	校官	33%		雲南	3.70%	新疆	1.24%
	尉官	14%		貴州	8.20%		
	士兵	35%		陝西	7.50%		
職別	主官	43%		甘肅	1.60%		
	非主官	53%		西康	1.00%		
	軍需	4%		福建	2.40%		

附記

外房佃糾紛案 236 件未列入本表。

第四節　監察法規之編纂

監察為新創業務，一切法令規章、均須從新創擬，經指派專人組成法規委員會，以主其事，本部經擬定監察局辦事細則，陸海空軍監察辦法，及調查、視察各種規則，與監察人員手冊，經數週之努力，分別起草及審核，監察法規大致完成，嗣後並組成法規審核委員會，審核已完成之各種法規，但以立法困難，雖經數月餘之審核，迄今尚未審核完成。

第十五章　保安局

第一節　整理保安部隊

卅五年三月間軍政部依據軍事三人小組會議，商定軍隊整編及統編中央部隊為國軍基本方案，第六條規定各省保安團隊數量，應按人口比例，每省最多不得超過一萬五千人，並編制上不得有重武器之原則，及參照各省交通治安情形，並配合國軍之整編，儘可能容納編餘部隊，擬定「配合國軍整理各省保安團隊實施方案」，呈奉主席卯魚午府軍孝代電核准照辦。

第一期實施之蘇、浙、粵、桂、閩、皖、贛、豫、川、康、滇、黔、青海等十三省，經以軍事委員會電令分飭遵照規定整理，具報均已完成。

第二期實施之冀、魯、晉、陝、綏遠、寧夏、甘肅、新疆等八省，因情況特殊，奉准俟情況許可時，再行整理。

至於熱、察兩省及東北九省之保安部隊，因係新近編組完成，毋庸整理，又湘、冀兩省之保安警察大隊組織，仍維現狀。（附全國保安部隊概況表四三）。

卅五年六月，為使各省保安部隊，撥歸行轅、綏署、戰區整訓指揮確切有效起見，擬定「保安部隊整訓實施細則」頒發施行。（其細則如附法二四）。

卅五年十月奉主席府祕甲字第九二二八號手令分飭擬七月份以來各地剿匪經過，及我匪二方各種優劣利弊之比較及改進方案呈核等因，經遵將保安部隊作戰、補給、編制、訓練等狀況及改進意見之建議，呈奉核准照所擬意見辦理，遵即擬訂保安部隊使用原則及整肅軍風紀與幹部甄審補充暨獎懲撫卹情報搜集等詳細辦法，通令施行。

卅五年十一月保安局根據各省視察所得認識，檢討當前利弊，以軍政部前訂之整理團隊方案，與現實情況，未盡適合，對於保安部隊之整編，官兵待遇之調整，幹部訓練補充及其督導校閱等，有從新詳密規定之必要，爰再研訂新整理方案一種，正呈請國民政府及行政院核示中。

附表四三　卅五年全國保安部隊概況表

	省別	現有數量		擬增編數		前奉核定共計數量	
		總隊	大隊	總隊	大隊	總隊	大隊
已整編	浙江	5	1				
	福建	5	1				
	江西	6	1				
	湖南		24				
	湖北		19				
	廣東	10	1				
	廣西	6	1				
	貴州	5	1				
	雲南	6	2				
	江蘇	8	1				
	安徽	5	1				
	河南	6	1				
	四川	8	1				
	西康	3					
	青海	2 （騎）	1			7 （騎 4）	1
	熱河	5		1	1	5 （騎 2）	
	察哈爾	8			1	8 （騎 3）	
未整編	省別	現有數量		擬增編數		前奉核定共計數量	
		團	大隊	團	大隊	總隊	大隊
	山西	9	1			7	1
	山東	16				8	1
	河北	13				8	1
	陝西	10	1	2		8	1
	甘肅	7	1			6 （騎 2）	1
	綏遠	5		2		8 （騎 5）	1
	寧夏	6	1			8 （騎 2）	1
總計		88 總隊 66 團	60 大隊	1 總隊 4 團	2 大隊	73 總隊	8 大隊

附記
1. 本表已整編及未整編，係指該各省保安團隊之整編而言。
2. 總隊下轄大隊三個，通信分隊、醫所各一，每大隊轄四個中隊，每中隊轄三分隊，共計官兵 1,788 員名，團轄大隊三個，每大隊轄五個中隊，每中隊轄三分隊，共計全團官兵 1,571 員名。

附法二四　保安部隊整訓實施細則

一、為使前頒之各省保安團隊，撥歸各行轅綏署及戰區整訓指導實施辦法，確切有效實施起見，特訂定本細則。

二、各行轅綏署戰區及綏靖區司令，須於其司令部編制內指定人員，專負辦理保安部隊整訓之責，並按必要將所轄之保安團隊，指定就近之軍師撥歸其指揮監督。

三、各軍師長對撥配之保安團隊，應切實負指揮監督考核之責，其應注意之事項如左：

甲、整編：

1. 整編實施情形。
2. 人馬武器器材按編制是否配足。

乙、訓練：

1. 官兵訓練程度。
2. 訓練方法是否適當。
3. 精神及政工教育情形。

丙、人事：

1. 用人標準是否合於規定。
2. 獎懲是否嚴明。
3. 幹部之素質及出身。

丁、經理衛生：

1. 薪餉糧秣發放情形。
2. 被服裝具製發狀況，及保管程度。
3. 官兵之健康及醫藥設備情形。

戊、治安：

1. 清剿散匪及肅清潛匪情形及適切之指導。

2. 維護後方交通線安全之兵力配置。

己、軍風紀之整飭。

四、各保安團隊長，應服從所屬軍師長之指揮監督，凡作戰不力，整訓無方，貪污枉法，縱兵殃民者，得由行轅綏署戰區視情節輕重，予以懲辦，或撤換後，通知各省保安司令，並報本部備查。

五、凡已列入第一期整理各省之保安團隊，仍應遵照前軍委會印有政務參二保第四三三七號代電，所頒之整理方案，切實整編，以其編餘各團之人馬器材，擇優充實新編成之各總隊，務須按編制編定。

六、凡未列入第一期整理各省之保安團，應按其實有人馬武器器材等之數量，每省擇優充實為若干團，其辦法由行轅綏署戰區，與省保安司令部商定報核。

七、按各省保安團隊實際之訓練程度，及其需要，由行轅綏署戰區訂定訓練計劃，督飭實施。

第二節　民眾自衛組訓

關於自衛隊組訓辦法，業奉行政院訂頒收復省區民眾自衛組訓方案一種，經檢送前項方案，請各行轅綏署及首都衛戍司令部負責督飭所屬各省市加緊實施自衛隊組訓在案，嗣奉行政院頒發前項方案之修正條文到部，規定其適用範圍，暫以冀、魯、豫、熱、察、綏、蘇、皖、鄂、晉、陝等匪患嚴重之十一省為限，經再檢送前項方案之修正條文，電請轄冀、魯等十一省之行轅綏署轉飭遵照，並電請其他之行轅綏署轉飭對民眾自衛隊組訓事宜暫緩實施。

近年來各省紛紛質詢關於民眾自衛隊組訓之各項疑義，又河南省保安司令部所報鎮內浙民團辦理概況足資參考之處甚多，為統一規定民眾自衛組織之各種較瑣碎事項，並使各省市辦理是項業務有所借鏡計，經將組訓民眾自衛隊應注意事項及河南省鎮內浙民團辦理概況各一種，飭各省市參照辦理。

第三節　保安部隊實況之調查與統計

為明瞭各省保安部隊實際狀況，俾作指導考核之參考起見，經訂頒各省保安部隊人馬武器駐地任務月報等表式凡七種，通令各省保安司令部按期分別造報，查各省如期呈報者固多，而因情形特殊，未經造報者，亦復不少。十一月底復電令各省限期補報，迄今尚未報齊，至預定調製之各種圖表無法著手進行。

第四節　國防資源暨軍需工業警衛力量之調查

為明瞭國防資源暨軍需工業之現況，俾便建議其警衛之實施計劃起見，擬具調查表二種，分送資源委員會、經濟部暨聯勤總部等機關查填，已搜得一部份材料，現正分別研究整理，但因各有關主管機關，對各礦廠所警衛情形之現有材料甚少，致未能按照進度全部完成。

第五節　視導考核各省保安部隊

為明瞭各省保安部隊整編實況，以資督導考核起見，經擬訂卅五年各省保安部隊視察實施計劃一種呈准實施，當於十月間分區分組派員分赴蘇、鄂、豫、陝、魯、冀、熱、綏等省視察，至十一月間各組陸續返京，特召集視察人員舉行檢討會議，並經根據各地實況，擬訂各省保安部隊整理方案一種，現正呈請核示中，其他各省市因限於人力及時間，未能普遍實施視察，仍擬於卅六年度繼續實施。（至視察計劃如附計九）

附計九　國防部卅五年度視察各省保安部隊實施計劃草案

一、為明瞭各省保安部隊整理實況，及配合國軍剿匪情形，以資督導改進起見，特訂定本計劃。

二、視察重點

（一）長江以北

以視察各省保安部隊之作戰實力，過去配合國軍作戰情形，與將來能否達成所賦之任務，對於收復區地方治安之維持、交通之保護、殘匪游勇之肅清，並就近予以適切之指導，藉以樹立楷模，使國軍進展迅速為主。

（二）長江以南

以視察各省保安部隊已否遵照部頒整理實施辦法施行整編及其整訓實況為主。

三、視察區分

按情況緩急分為二期。

（一）第一期視察區域如左：

1. 以徐州綏靖公署所轄之江蘇、安徽、山東等三省為第一視察區，內分江蘇、安徽、濟南、青島等四組。
2. 以鄭州綏靖公署所轄之河南、陝西等兩省為第二視察區，內分河南、陝西等兩組。
3. 以北平行轅所轄之河北、察哈爾、綏遠等三省為第三視察區，內分河北、察哈爾、綏遠等三組。
4. 以東北行轅所轄之熱河及東北九省為第四視察區，內分熱河、東北等兩組。

（二）第二期視察區域如左：

1. 以武漢行轅所轄之湖南、湖北等兩省為第一視察區。
2. 以重慶行轅所轄之四川、貴州、西康、雲南等四省為第二視察區，內分四川、西康及貴州、雲南等兩組。
3. 以廣州行轅所轄之廣東、廣西等兩省為第三視察區。
4. 以衢州綏靖公署所轄之浙江、福建等兩省及江西省為第四視察區。
5. 以西北行轅所轄之甘肅、新疆、寧夏、青海等四省為第五視察區，內分甘肅、新疆、寧夏、青海等四組。

第二期所列各視察區，俟第一期視察完畢後再行酌定。

四、按視察區之劃分，每區設主任副主任各一人，如分設有組者，不設副主任，但每組設組長一人，視察區（組）設視察三至五人，其人選由保安局簽請於本部有關各單位（三廳、監察局、新聞局）核調。

五、視察項目及其注意事項略。

六、每區視察時間第一期暫定為一個月，第二期暫定為兩個月，必要時得按實際需要延長之。

七、各區視察人員得按實際需要，先後出發日期，由各該區主任規定之。各區視察人員於視察完畢時，應到指定之行轅或綏署所在地集合，將視察情形報告各該區主任。

八、各區主任俟各該區視察人員集合後，按需要得商請行轅或綏署，召集轄區內各省保安部隊主管人員舉行保安業務檢討會議，研討各項實際問題藉謀改進。

九、各區（組）除關於保安部隊編制、裝備、訓練及匪情等，得向行轅綏署及各省保安司令部（省政府）蒐集材料外，並得蒐集有關國防資源及軍需工業等材料，以供參考。

十、各區視察人員出發前，對於前往視察地區之各省保安部隊有關各種問題，應與本部各有關單位詳密商討，預作充分之準備，以為就地指示之準據。

十一、各區視察完畢返京後，應於一星期內將視察總報告及附表等，並針對實際情形，擬具整理改進意見呈部備核，但有關時效性之事項，得隨時電部核辦。

十二、視察人員之旅費，照現行陸軍給與之規定，由本部發給郵電交通等費用，准予核實報銷。

十三、本計劃呈請總長核准施行。

第十六章　軍法處

第一節　軍法行政

一、調整機構

一年來各級軍法機構，經配合復員需要，予以調整裁併，中央軍法機構亦同樣改組，各戰區軍法監部、軍法分監部，已隨同各配在之單位，陸續裁撤，其業務由各行轅、各綏靖公署分別成立軍法處接辦，未裁撤之各戰區，其配屬軍法監部改為軍法處，新成立之陸海空軍及聯勤總部，因事實需要，均設立軍法處，辦理各該管軍法案件。

二、改進制度

我國軍法制度，歷史較短，審判程序，殊嫌簡略，尤以軍事檢察制度，尚未建立，各級軍人犯罪，未經查覺或告發前，無人負責檢舉。抗戰結束後，制定軍事檢查官職掌，並於各級軍法機構內，分別設置檢查科或軍事檢查官，專負檢舉罪犯及糾查軍風氣之責。

三、調整軍監

一月份組成浙江（杭州）軍人監獄一所，五月份組成河北軍人監獄一所，八月份組成江蘇（蘇州）軍人監獄一所，其餘中央、徐州兩監現正設計修建中。

第二節　軍法審判

一、檢舉

軍法處檢查科奉准設置後，對各級官兵犯罪控告案事，均經分別澈察檢舉，依法辦理。

本年九月並制定檢舉漢奸（軍事方面）條例實施辦法，通飭施行，其有在逃奸逆，並予嚴緝，務獲歸案法辦，以申法紀，本年度辦結之檢察案件，計五千六百二十三件。

二、審理

審理案件，多係特交，或將校級人員犯罪案件，情節複雜，處理較費時日，全國各軍事機關部隊，如有情節重大之案件，並須隨時派員蒞審或提審，本年度直接審理案件，計辦結四百二十三件，其中漢奸貪污以及接收舞弊者，悉依法從嚴懲辦，如齊燮元等均判處極刑，呈奉核定施行。（如附表四四—四六）

三、審核

軍法處為中央最高軍法機構，全國軍事機關部隊判決案件，除合於軍法案件代核辦法之規定外，依法均應送本部交由軍法處覆核，本年度辦結案件計三千三百六十七件。

附表四四　國防部軍法處判決軍事犯罪刑分類統計表

民國三十五年度

刑名＼罪名（人數）		抗命辱職	暴行脅迫	盜賣軍用品	縱火	掠奪	詐偽
死刑		7	1	3		18	
無期徒刑		1		2		4	
有期徒刑	十五年以上	3				4	
	十年以上	3		2		7	
	七年以上	1		2		3	
	五年以上	1	1	6		12	
	三年以上	2		4		8	
	一年以上	36	15	6		2	2
	六個月以上	1					1
	三個月以上						
	三個月未滿	1					
拘役							
總計		56	17	25		58	3

刑名＼罪名（人數）		逃亡	妨害兵役	洩漏軍機	危害民國	漢奸	貪污
死刑		6			1	11	22
無期徒刑		3	1			17	27
有期徒刑	十五年以上	3				1	28
	十年以上	20	3		1	10	100
	七年以上	6			1	20	61
	五年以上	19			1	26	71
	三年以上	20	3			6	80
	一年以上	40	4			23	55
	六個月以上	6				1	9
	三個月以上	2		1			3
	三個月未滿	1					1
拘役							
總計		126	11	1	4	115	457

刑名＼人數＼罪名		盜匪	煙毒	殺人	竊盜	侵占	傷害
死刑		69	95	6			1
無期徒刑		22	123	5	1		4
有期徒刑	十五年以上	37	54	2		1	
	十年以上	45	139	3	2		
	七年以上	43	82	2	6	2	1
	五年以上	21	55	4	1	1	1
	三年以上	28	38		4	1	1
	一年以上	16	67	3	5	1	
	六個月以上	4	7		6		4
	三個月以上			1			3
	三個月未滿	1					2
拘役							
總計		286	660	26	25	6	17

刑名＼人數＼罪名		妨害秩序	妨害自由	其他	總計
死刑		2		2	244
無期徒刑				2	212
有期徒刑	十五年以上				133
	十年以上			3	338
	七年以上			4	234
	五年以上	2		1	223
	三年以上	1	2	8	206
	一年以上	8	4	14	301
	六個月以上		3	8	50
	三個月以上		1	6	17
	三個月未滿		1		7
拘役			1	1	2
總計		13	12	49	1,967

附表四五　國防部軍法處處理貪污及接收舞弊案件調查表

民國三十五年底止

送案機關	被告姓名	隸屬機關職別	案由	辦理情形
台灣警備司令部	馬德尊	台灣特派員辦公處少將主任	盜賣軍米及侵占敵偽物資等情	死刑
第四補給區司令部	吳　及	第四補給區經理處少將處長	利用職權，勾通廠商貪污公款一億七千萬元，贓款四千五百萬元，軍布二千疋	死刑
	李樹梧	第四補給區經理處上校被服科長		
	包其相	第六通訊器材庫上校庫長	利用職權，尅扣公款二百八十萬元	死刑
	曹登朝	雲南營產管理所上校所長	盜賣軍品，侵蝕缺額	死刑
	陳玉龍	第十六前進庫中校庫長	盜賣軍品一千二百餘萬元	死刑
	丁　猛	第十六前進庫上尉庫員		
	唐　志	兵工第一庫中校庫長	侵佔公有財物測音器、汽車鋼板、輪胎、汽油等	死刑
	陳懷清	前後勤部昆明被服整理站中校主任	盜賣軍用品一億五千萬元以上	死刑
	崔濟川	前後勤部昆明被服整理站上尉組員		
	陳家騂	前後勤部昆明被服整理站上尉組長		
	郭瑞理	前後勤部昆明被服整理站中尉庫員		
	鄧子弼	前後勤部昆明被服整理站庫丁		
前軍政部海軍處	周光祖	前海軍總司令部復興島上校管理員	連續侵佔接收之油料	死刑

送案機關	被告姓名	隸屬機關職別	案由	辦理情形
前後勤總部第一補給區司令部	宋嘉炎	水路軍運指揮部上海辦事處派駐江寧輪上尉連絡員	藉用艙位，勒索商人法幣三百萬元	死刑
	黃必濤	水路軍運指揮部馬尾分處中校主任		
前軍政部第三驗收委員會	陳　傑	前軍政部第二十九倉庫中校庫長	侵佔接收槍枝	死刑
淞滬警備司令部	姜公美	上海憲兵隊長	明知屬員貪污有據，予以庇護及侵佔公有財物等情	死刑
前軍政部調查組	李家新	第七十四軍五十一師少校營長	侵佔巴斗山接收油庫油料	死刑
	白達材	第七十四軍五十一師上尉連長		
	楊谷生	前軍政部首都臨時油庫技工		
前軍政部軍醫署	田樹潤	前軍政部上海處第二臨時醫院一等軍醫佐理員	收受盜賣物資之賄賂	死刑
	喬力達	前軍政部上海處第四臨時醫院三等軍醫正監理員		
前軍政部海軍處	李孟元	威寧砲艇艇長	私搭乘客圖利	死刑
	王學海	前海軍總司令部軍械處中校科員		
	陳起富	威寧砲艇砲手		
	張鳳山	海軍第九號駁船頭目		
第一綏靖區司令部	馬維良	第三方面軍接收日軍軍品委員會上尉副官	誣民為漢奸，強佔財物	死刑
憲兵司令部	楊輔新	憲兵二十三團八連上士班長	盜賣敵偽物資，得款二百零五萬元	死刑
	孫嘯平	營務處少尉科員	虛填數目浮報公款九十八萬餘元	死刑

送案機關	被告姓名	隸屬機關職別	案由	辦理情形
第一戰區 司令長官部	杜履卿	第一戰區 第三情報所特派員	隱沒查獲之毒品，藉端勒索財物等情	死刑
	孫振剛	第一戰區 第三情報所組員		
	劉耀亭	第一戰區 第三情報所組員		
	陳允中	第一戰區 第三情報所組員		無期徒刑
	趙國華	第一戰區 第三情報所組員		
河南省 保安司令部	徐清德	河南十八區 保安第三團三營 少校營長	藉勢勒索民款項、小麥、路費等	死刑
	聶　玉	保安第三團三營 營附		無期徒刑
	任尚鼎	保安第三團三營 一等兵		
第六集團軍總部	樊仲元	軍法監中校軍法官	利用職務上之機會，詐取被告財物等情	死刑
第卅八集團軍 總部	王定一	諜報組准尉組員	設詞誣指居民，勾通漢奸，販賣毒品嫌疑，藉端勒索財物	死刑
廣州行轅	謝競生	行轅散兵收容所 中校所長	偽造命令，逮捕漢奸，藉以勒索財物	死刑
廣西第三保安 司令部	呂純一	該部少校 軍法助理員	利用職務上之機會，詐取監犯款洋五十萬元	死刑
第七十軍	鍾常理	第七十五師 諜報組上尉組長	冒充接收物資，勒索財物	死刑
河南保安司令部	王金義	保安第一團 第一中隊 上尉中隊長	缺額不報，侵蝕軍麥，尅扣軍餉等情	死刑
	李國楨	禹縣保安團 上校團長	浮報名額，支用軍糧等情	死刑
第一綏靖區 司令部	李全根	交通警察 第八總隊班長	藉護路為名，向鎮民強募菜柴等物，並非法拘禁鎮民	死刑
第三方面軍 司令部	吳餘善	京滬護路司令部 特務總隊別動軍 八縱隊指揮部 特務中隊上等兵	偽稱調查，藉勢勒索財物	死刑

送案機關	被告姓名	隸屬機關職別	案由	辦理情形
航空委員會	馬訓忠	軍法室看守所兵	縱放人犯，收賄洋十萬元	死刑
河南第七區保安司令部	高超峯	特務第二中隊兵	藉抓逃兵為例，勒索鄉民三萬五千元	死刑
憲兵司令部	熊有烈	憲兵三團特務連上等兵	竊盜槍彈逃亡等情	死刑
第二軍	喻祖春	特務連准尉特務長	侵佔公款二十三萬元	死刑
安徽保安司令部望江縣政府	尹長濾	該縣獨立分隊班長	藉抓賭為名，勒索居民財物	死刑
前後勤總部政治部	王中民	前軍政部第三十三倉庫庫長	盜賣接收白糖	死刑
甘肅保安司令部	張光亞	該司令部軍法科中校科員	利用職權上之機會，詐取財物	死刑
徐州綏署整編廿五師	高步善	該師軍需	盜賣公有財物	死刑
第二綏靖區濟南防守部	國世義	二十集團軍總部兵	利用職權，詐取財物	死刑
河南省保安司令部	蔡錫朋	第一戰區挺進軍總部駐汴辦事處上校處長	敲詐商人洋七十萬元	無期徒刑
安徽保安司令部□□縣政府	侯長山	魯蘇豫皖邊區招募四分處四團連長	招募壯丁藉勢勒索居民財物	無期徒刑
陸軍第二十五師	周占武	前陸軍第一四八師特務連准尉特務長	侵佔公款二十八萬四千元	無期徒刑
湖北第五區保安司令部	巫志遠	第六戰區六組諜報員	誣台灣商民為漢奸勒索一百二十萬元	無期徒刑
憲兵司令部	徐伯堅	憲兵學校警犬訓練班暫代特務長	陸續侵佔公款四十四萬餘元。	無期徒刑
陝西保安司令部寧陝縣政府	曾文蔚	縣常備隊大隊附	徵兵為詞，藉勢勒索他財物	無期徒刑
前軍政部第三驗收委員會	干萃圃	前軍政部第三十六倉庫上校庫長	售賣接收庫房圖利	無期徒刑
憲兵司令部	廖侃文	憲兵十六團五連憲兵	偽造密告誣商民為漢奸勒索鉅款	無期徒刑
空軍總司令部第五路司令部	張悅興	空軍第二大隊駕駛兵	盜賣汽油酒精等	無期徒刑
空軍總司令部	盛名揚	前航委會南京飛機修理工廠少尉三級軍需	侵佔公款八百零四萬餘元	無期徒刑

送案機關	被告姓名	隸屬機關職別	案由	辦理情形
武漢警備司令部	吳繼安	殘餘士兵收容所中士班長	藉檢查煙土為名，意圖索財	無期徒刑
第一戰區司令長官部	張　岳	國際問題研究所軍薦二階組員	以捕漢奸為名，藉勒索人民財物	無期徒刑
河南保安司令部	田樹恩	蘭封縣長兼保安團上校團長	勒索居民財物侵佔公有財物	無期徒刑
淞滬警備司令部	周學文	該司令部稽查處上尉稽查員	藉查漢奸為名，勒索商民財物	無期徒刑
安徽軍管區	馮紹先	補充二連連長	買賣壯丁，收受賄賂等情	徒刑二十年
第九十九軍	張書振	八戰區通信第四團一營三連少尉通信員	檢查毒品為名，勒索居民財物	徒刑十六年
	初執中	河南第十區保安司令部特務大隊上尉組長		徒刑十年
第三方面軍	譚存之	第三軍醫院上校院長	浮報名額圖利等情	徒刑十五年
第卅八集團軍	范耀廷	輜汽六團二連駕駛兵	軍車私搭旅十五名	徒刑十五年
西北行轅軍法處	童子青	陸軍十二師駕駛兵	以軍車包運客貨，收費圖利	徒刑十五年
憲兵司令部	高仁山	憲兵獨三營二連上士班長	誣商民為漢奸，勒索款洋一百萬元	徒刑十五年
江西第一區保安司令部	林　堅	戰地服務團情報游動組組長	誣保長庇護漢奸勒索財物	徒刑十五年
	俞慶疇	交通籌備員		
第二十七集團軍	黃鎮中	獨立工兵六團四營上校營長	侵佔敵人散置未繳物品	徒刑十五年
河南保安司令部第十一區保安司令部	張懷三	准尉偵探員	查獲居民買手槍，藉勢敲詐款項	徒刑十五年
航空委員會第三路司令部	胡仲侯	空軍機械學校教育處圖書館管理員	偽造公文書套購平價布	徒刑十五年
新編第一軍	黃俊明	第七戰區諜報員	藉無經費辦公為名，向商民勒索偽幣一百萬元	徒刑十五年
	鄭旭初	第七戰區諜報員		
京滬衛戍總司令部	徐梅初	京滬衛戍第一總隊二縱隊四支一大隊少校大隊長	共同盜賣公有財物，部屬盜賣敵偽物資而不檢發	徒刑十五年
第一戰區長官部黃龍警備部	陳光裕	民眾組訓處七大隊六中隊上尉中隊長	見馬商未帶稅票，藉端勒索款項	徒刑十五年

送案機關	被告姓名	隸屬機關職別	案由	辦理情形
雲南軍管區	張志成	昆明師管區 新兵第三大隊 三中隊中隊長	接收新兵，收受賄賂，並對新兵逃亡所屬鄉鎮藉端勒索財物	徒刑 十五年
安徽保安部 含山縣政府	王鈞林	第十戰區大隊隊員	搜索鴉片為由，藉端勒索保長財物	徒刑 十五年
廣西保安司令部 忻城縣政府	莫炳秋	別動軍二支隊 三大隊警衛班長	藉勢勒索鄉民財物	徒刑 十五年
第二綏靖區 濟南防守部	盧耀雲	第十五師砲兵營 二連兵	兵同連續藉端勒索	徒刑 十五年
第二十軍	潘世榮	第一三三師諜報組 准尉組長	藉勢勒索財物	徒刑 十三年
	張海清	第一三三師兵		徒刑五年
空軍總司令部	馮世樑	空軍十二中隊 准尉二級軍需	招商承包傢俱及水電等工程，向包商強索回扣一百七十餘萬元	徒刑 十五年
第三方面軍	張岩占	特務團機關槍連 連長	藉勢勒索居民財物	徒刑 十二年
第一戰區長官部	柴長有	第二十二軍官總隊 四大隊十七中隊 准尉隊員	幫助商人打架勒索款洋十五萬元	徒刑 十二年
憲兵司令部	趙仲侯	憲兵獨三營三連 上尉連長	連續藉勢勒索居民財物	徒刑 十二年
第一戰區長官部	楊生震	第一戰區 調查室少尉交通員	藉口商人有販毒嫌疑勒索款洋二十萬元	徒刑 十二年
	張金保	第一戰區挺進軍 一縱隊三支隊兵		徒刑十年
第一方面軍 軍法監部	陳林濤	別動軍三縱隊 華僑大隊上尉附員	盜用公款偽造文書誣民為奸勒索財物	徒刑 十二年
	陳林昌	別動軍三縱隊 華僑大隊准尉組員		徒刑五年
福建省 保安司令部	陳官爵	先遣軍二團 特務連三排排長	勒索漁船護航費十五萬五千元	徒刑 十二年
河南省 保安司令部 第七區保安司令部	馬振漢	獨立大隊一中隊 上尉中隊長	藉勢強募商民財物	徒刑 十二年
第二十七集團軍	錢遠鳴	第九糧秣庫 中校庫長	尅扣糧款六百萬元	徒刑 十二年
第三十八集團軍	劉振聲	集團軍總部諜三組 一等組員	藉詞房民附敵勒索財物等情	徒刑 十二年
前軍委會 調查統計局	喬少武	前軍令部諜報參謀 訓練班中校組長	侵佔公物	徒刑 十二年

送案機關	被告姓名	隸屬機關職別	案由	辦理情形
中央訓練團	方　政	中央訓練團 少將團員	藉端勒徵財物	徒刑十年
福建省 保安司令部	李廷選	自衛隊傳達兵	捉捕賭徒侵佔他人財物	徒刑十二年
第三十一集團軍	丁德銀	前晉豫邊區挺進軍 第四縱隊十支隊 三大隊少校大隊長	藉口商民有槍枝勒索財物	徒刑十年
第三十八集團軍	譚光國	第一八三團 三營七連中尉排長	藉口緝獲逃兵勒索財物	徒刑十年
第一戰區長官部	楊更新	兵站總監部 第三十分站中校 站長	盜賣軍粉、軍鹽等物	徒刑十年
湖南保安司令部 沅水師管區	張惠興	第一補充團 六連上尉連長	冒領軍實收受賄款	徒刑十年六月
第七十七軍	韓廷禎	七七軍 重迫砲連連長	連續浮報缺額冒領軍實	徒刑十年
第八戰區 軍法監部	陳德晉	輜汽四團三營 九連上尉連長	先後擅扣其部屬出差撥發之定量汽油	徒刑十二年
第一戰區長官部 西安警備司令部	陳善猷	第九十七師 上尉軍需	盜賣軍用襯衣二千二百套	徒刑十年
武漢行轅	彭　偉	第一戰俘管理所 中校課長	藉勢勒索日人縫衣機	徒刑十年
	胡孝武	第六戰區 兵站總監部 第十八兵站 少校站員	盜賣敵資被服什物等	徒刑十年
第九戰區 軍法監部	吳國球	兵站總監部 運輸大隊第一中隊 准尉司書	誣居民為漢奸勒索款洋十萬元	徒刑十年
湖南保安司令部 第四區 保安司令部	秦漢臣	第九九軍 傷散官兵收容處 四中隊分隊長	向鄉民勒索伙食款項	徒刑十年
淞滬警備司令部	汪英華	軍統局寶通路 倉庫管理員	共同盜賣軍毯九大箱	徒刑十年
貴州保安司令部 第五區 保安司令部	劉子萍	前軍政部兵工署 第四十三兵工廠 少尉課員	連續盜賣軍米	徒刑十年
鄭州綏靖公署	施玉棠	該署參謀處 諜報股少尉組員	擔任防奸工作，向居民勒索財物	徒刑十年

送案機關	被告姓名	隸屬機關職別	案由	辦理情形
憲兵司令部	朱　傑	前中國陸軍總部汽車隊駕駛兵	侵佔吉普車	徒刑十年
	吉耀軒	憲兵二十九團九連班長	盜賣接收之敵產砂糖得贓夥分等情	徒刑十年
	周桂文	憲兵二十九團上等兵		徒刑七年
	王道清	憲兵二十九團上等兵		徒刑三年六月
陜西保安司令部	楊聚芳	修械所二等技工	竊取手槍等物	徒刑十年六月
重慶衛戍總部	方來柱	國府警衛旅士兵	盜賣軍用手槍彈	徒刑十年
	嚴庚昌	獨立汽車營監護中隊兵	教唆他人盜賣軍用槍彈	徒刑十年
陜西保安司令部第五區保安司令部	王　魁	陜西保安團二大隊八中隊中士班長	誣商民販賣鴉片勒國幣十一萬元	徒刑十二年
憲兵司令部	陳文輝	憲兵五團六連班長	收受司機賄款十八萬元	徒刑十年
	李過賢	憲兵五團士兵		徒刑五年
浙江保安司令部	陳　琛	三戰區兵站總監部第一船舶處理所兵	偷拆機艇機器賣與米商	徒刑十年
	石連生	徐州綏署特務團一營二連班長		徒刑十二年
	朱妙福	中美合作所第八技術訓練班教導九營特務組組長	冒充搜查鴉片勒索居民款項	徒刑十年
陜西保安司令部	王文舉	防空部防毒隊准尉組長	藉追繳逃兵服裝費為名，索款洋二萬元	徒刑十年
空軍總司令部	王材猷	空軍汽車十九分隊分隊長	侵佔日軍移交輪胎二十六個	徒刑十年
西南軍事運輸軍法監部	楊學蓑	配件總庫員	盜賣酒精	徒刑七年
知識青年陸軍三十一軍	楊志興	該軍二〇八師夏令營中尉組長	辦理官兵伙食，從中舞弊圖利	徒刑三年六月
西北行轅軍法處	吳玉綱	第八兵站總監部大車第一大隊二中隊少校中隊長	扣發官兵食鹽及缺額不報	徒刑五年六月
浙江軍管區	劉子謙	永康縣國民兵團上尉股員	奉令查禁賭博，乘機勒索鄉民款洋一百萬元	徒刑七年

送案機關	被告姓名	隸屬機關職別	案由	辦理情形
陸軍整編第一師	鄧晨鐘	修理所中尉技師	調換輪胎，以軍車私搭旅客收費圖利	徒刑七年
第一戰區長官部	楊一亭	該部參三科鄭州組少校組員	向商人以販賣商品為詞，勒索法幣五百萬元	徒刑五年
	白金斌	該部副官處少尉副官		
整編二十師	楊遂初	第四〇二團八營上尉軍醫	尅扣軍餉	徒刑五年
憲兵司令部	秦毓超	憲兵教導第一團十一隊上尉隊長	浮報名額冒領軍鹽一萬餘斤	徒刑五年
福建保安司令部	陳　群	保安幹部預備軍官中尉區隊長	私放米船出口收受賄賂	徒刑五年
淞滬警備司令部	王　芸	輜重兵獨汽營三連中士班長	盜賣敵資鐵管	徒刑三年六月
第一戰區長官部	楊建業	第二十三軍官總隊五大隊二十一中隊少尉隊員	恫嚇鄉婦勒索款洋五十餘萬元	徒刑五年
武漢行轅	朱格壽	湘鄂贛邊區行動總隊上尉情報組長	藉檢查漢奸為名向居民勒索六萬元	徒刑五年
第一戰區長官部	王晉賢	輜重兵獨汽二營少校技術主任	以軍車裝載私貨圖利	徒刑三年六月
武漢行轅	余定遠	前軍政部第八軍官總隊一大隊三中隊少校	採辦日本官兵副食，收受商人賄賂	徒刑三年六月
鄭州綏靖公署	郭子浩	第一兵站總監部二四分站中校站長	盜賣汽油	徒刑五年
浙江保安司令部	錢海龍	忠義救國軍軍事特派員辦事處副官	偽造文書詐取物	徒刑二年
前中國陸軍總部軍法監部	董新覺	該部調查室外勤組中校組長	利用職務上機會詐財	徒刑七年
	姚獻平	該部調查室司法組少校組長	侵佔封存之汗衫等物	徒刑八年
	管連生	第三戰區連絡站上尉站員	詐取財物	徒刑八年
前後勤總部第五區鐵道軍運指揮部	鄭志剛	該部上尉股員	收受日俘所贈法幣八十萬元	徒刑八年

送案機關	被告姓名	隸屬機關職別	案由	辦理情形
台灣警備司令部	陳漢平	該部少將高參	利用職權，以日鈔兌換台幣圖利，及購買統判之重油汽油高價轉售等情	徒刑四年
	陳　芹	該部第一處上校參謀		徒刑三年六月
前軍委會調查統計局	貢江舟	前中國陸軍總司令部調查室上尉副組長	貪圖被害人酬謝金	徒刑八年
鎮江城防守備司令部	王義臣	聯勤總部第一一六軍械庫中士班長	向市民勒索未遂	徒刑五年
前軍政部海軍教導總隊	王行仁	前軍政部海軍教導總隊中尉副官	共同盜賣敵遺之磚瓦鐵	徒刑七年
	王振祿	中尉排長		
前後勤總部	喬膺漢	該部第一兵站監部中校站長	攬運商油收取運費	徒刑七年
憲兵司令部	黃澤民	安徽供應局司機	利用軍車帶客圖利	徒刑三年六月
廣州行轅	鄭家駿	浙江溫州砲兵五四團特務連上尉連長	共同以軍用汽車裝載漏稅物品	徒刑五年
京滬衛戍總司令	郭海峰	一綏靖區三處特派海陸中校聯絡參謀	詐稱敵產，向商人勒索七百萬元	徒刑五年
	胡肇武	四九師七九旅二三七團中校副團長		
廣西保安司令部	葉述開	茶城自衛一大隊一中隊分隊長	誣居民為漢奸勒索款項	徒刑五年
武漢行轅	孫玉清	軍委會江北交通工作第三大隊少尉排長	盜賣酒精未遂	徒刑五年
陝西軍管區	雷雨田	國民兵團少校團附	向壯丁家屬勒索財物	徒刑五年
廣西保安司令部	任敏慧	第三兵區站司令部上尉中隊長	偽造特許證通行證，以軍車裝運漏稅貨物	徒刑五年
浙江保安司令部	壽信松	中央軍校三分校學生大隊上尉區隊長	盜賣敵資高粱二百六十袋	徒刑四年六月
廣西第七區保安司令部	劉漢波	保安隊第十三大隊第二中隊中尉隊長	緝獲走私大批銅元轉售圖利	徒刑四年
甘肅第四區保安司令部	朱學根	榮軍第十三臨時教養院一隊少校隊長	扣留不發職務上應發財物	徒刑三年六月

送案機關	被告姓名	隸屬機關職別	案由	辦理情形
淞滬警備司令部	王　達	忠義救國行動總隊警衛組少尉組員	盜賣敵偽物資	徒刑三年六月
北平行轅	溫錫章	第五補給區第三軍馬補充處少校雇員	侵佔敵偽物資	徒刑三年六月
第十一戰區軍法監部	劉定邦	第五補給區天津物品庫中校庫長	侵佔敵資毛呢及布疋	徒刑三年六月
第一綏靖區司令部	劉　誠	第五補給區第三軍馬補充處少校雇員	竊取敵資肥田粉一百包	徒刑三年六月
武漢行轅	陳銳智	前六戰區兵站總監部第十一糧庫中校庫長	侵佔敵資白糖詐稱遭遇盜竊	徒刑三年六月
	盛　鵬	前六戰區兵站總監部第十一糧庫少校庫員		
京滬衛戍總司令部	吳玉堂	別動軍第八縱隊直屬大隊二中隊上尉區隊長	竊取敵偽物資	徒刑三年六月
武漢行轅	方凌雲	六戰區兵站總監部十三糧庫中尉庫員	侵佔敵資鹽糖並收受賄賂	徒刑八年
江西保安司令部	黃炳芳	補充兵第二團二等軍需佐	虧欠公款	徒刑八年
四川軍管區邛大師管區	袁健武	新兵第三大隊第二中隊隊長	侵占副食現品等情	徒刑七年
航空委員會第五路司令部	桂承賢	空軍第五總隊卅五無線電台少尉二級台長	浮報名額冒領餉津	徒刑七年
陝西保安司令部第八區保安司令部	李光生	後勤部西北區第六衛生大隊擔架連中尉排長	通緝逃兵為名，藉端勒索財物未遂	徒刑七年
寶雞警備部	劉源桐	輜重兵汽車六團三等佐司藥	押運衛生材料，盜賣白凡林十七磅	徒刑七年
甘肅第一區保安司令部	周尚勇	保安第四團團附	因匪犯逃逸，向其眷屬勒索款項	徒刑六年
安徽保安司令部涇縣縣政府	廖　楷	貴徽師區師第三補充團一營三連排長	向壯丁施行恫嚇勒索財物	徒刑五年
安徽第三區保安司令部	蔣家齊	軍事特派員實行動隊中尉隊員	藉查毒為名，向民敲詐財物	徒刑五年
第三軍	李培成	突襲第二隊上校隊長	向民間強行徵借糧款財物等情	徒刑五年
第一戰區司令長官部	吳　浩	獨立第一突襲隊中校隊長	侵佔槍彈等情	徒刑五年

送案機關	被告姓名	隸屬機關職別	案由	辦理情形
憲兵司令部	張光寬	第五補給區 天津物品庫 中校庫長	竊取敵資香煙盒紙售價七萬元	徒刑五年
	秦遵顯	憲兵第二十一團 四連少尉排長	以軍用車運帶布疋等物圖利	徒刑 三年六月
第一戰區 司令長官部	周文昭	廿日軍官總隊 四大隊十九中隊 上尉隊員	藉端勒索國幣十五萬元未遂	徒刑 一年六月
	王智義	廿四軍官總隊 四大隊十九中隊 上尉隊員		徒刑 二年六月
	呂長本	廿四軍官總隊 四大隊十九中隊 上士班長		
安徽保安司令部	陶慶三	望江縣自衛大隊 少校大隊長	以通匪嫌疑，勒索居民一百萬元	徒刑 二年六月
鄭州綏靖公署	元仲文	戰俘管理處 三等軍需正	幫助私賣日俘白布疋九十六疋	徒刑 二年六月
航空委員會 第五路司令部	吉廣彝	防空情報所 第三總電台 少校總台長	購買廉價紙張等物轉賣與總台圖利等情	徒刑 二年六月
淞滬警備司令部	朱憶飛	陸軍第廿一師 六十一團三營 少校營長	偽造文件調查漢奸為名，勒索財物未遂	徒刑 二年六月
空軍總司令部	方明順	南京飛機修理廠 少尉一級附件股長	修理卡車浮報配件價格冒領款項	徒刑八年
第二十二集團軍	陳義和	第三挺進縱隊 中尉副官	以存手槍為詞，向保長勒索財物	徒刑八年
浙江保安司令部	鄭才藝	輜汽二團預備營 一連三排准尉排長	以軍用車搭旅客收費圖利	徒刑八年
空軍總司令部	黃天倫	前空軍第一地區 上尉科長	對非主管事務利用接收機會侵佔敵偽物資	徒刑 七年六月
第一戰區長官部	韋　韜	第十五軍官總隊 七十八隊上尉隊員	因屬兵死亡，向保長勒索棺木費	徒刑五年
陸軍 整編第五十五師	常永順	軍令部卅一組 四分組組員	抓煙毒犯為名，勒索居民六百萬元	徒刑五年
第一戰區長官部	高銘正	第二十四軍官總隊 十七中隊中尉隊員	以強暴手段，追索警察局賭具，並勒索款洋廿萬元	徒刑五年
北平行轅	朱忠漢	第九四軍政治部 中校祕書	以慰勞該軍名義告買敵資物品圖利	徒刑 三年六月

送案機關	被告姓名	隸屬機關職別	案由	辦理情形
前軍政部	莊凱永	輜汽廿四團 少校副營長	接收美軍車輛，匿不報繳	徒刑五年
陝西第八區 保安司令部	呂金聲	第四補訓處 獨立二營三連 少尉排長	詐稱償還壯丁價款，藉端勒索財物	徒刑五年
武漢行轅	唐俊賢	後勤部 第一船舶大隊 同信輪中尉管理員	利用輪船租拖商人鹽米貨船四隻，索款七百五十萬元	徒刑 三年六月
淞滬警備司令部	田吉安	浙東海防第四縱隊 少校技術員	以詐術使人交付敵偽物資	徒刑二年
武漢行轅	饒華貴	第四十一軍政治部 中尉副官	幫助他人銷售大批香煙	徒刑 二年九月
武漢行轅	熊蘭芳	第六挺進總隊十五支隊上校支隊長 （蒲圻縣長）	私立名義，勒收捐稅等情	徒刑 三年六月
輜汽十四團	許　宇	輜汽十四團 二連技士	以軍車搭客圖利	徒刑 三年六月
聯勤總部運輸署	杜玉波	聯勤總部南京水運辦事處中尉辦事員	盜賣燃料	徒刑七年
第七十三軍	周貴榮	第七十三軍汽車輜重連中尉排附	以軍車搭客圖利	徒刑五年
第一戰區長官部	竇鏡祺	第一兵站總監部 第四膠輪大車中隊 中校隊長	以車運售煤麥及盜賣軍麥	徒刑七年
淞滬警備司令部	周英祥	軍統局少校大隊長	盜賣軍米等情	徒刑 三年六月
福建第七區專署	陳　弈	七區保安司令部 上尉副官	未奉命令組捕賭博，勒索居民財物	徒刑十年
淞滬警備司令部	張　謙	前軍醫署 上海衛生總庫 軍委三階助理員	竊取公有財物	徒刑七年
憲兵司令部	李邦志	憲兵廿一團二營 四連上尉連長	以軍用車借人經商圖利，收受贈品	徒刑 三年六月
浙江保安司令部	童向明	保安獨立第一支隊二大隊四中隊班長	藉勢勒索居民財物	徒刑五年
西安警備部	胡鴻信	砲四四團高射六連上士指揮官	竊取公有汽油筒	徒刑七年
武漢警備部	石金山	後勤部船舶修造總廠警衛一分隊中士班長	盜賣公有廢鐵五百斤	徒刑四年
憲兵司令部	莫竟成	憲兵廿一團 六連下士	利用職務上之機會，詐取居民財	徒刑 三年六月

送案機關	被告姓名	隸屬機關職別	案由	辦理情形
武漢行轅	曾定國	湖北供應局第六站中尉站員	封用民船共同受賄	徒刑三年六月
第二十五軍	譚中央	第一四八師輜重營中校營長	利用裝運公物之船隻販米圖利	徒刑三年六月
貴徽師管區	伍滌痕	補一團三等軍需佐	侵佔主管之副食油八百斤	徒刑三年六月
武漢行轅	莫錦隆	裝甲一團二營營長	冒領軍實，販賣汽油	徒刑三年六月
甘肅第二專署	水源福	第五防空隊隊長	藉口缺少電線等勒令哨兵賠償	徒刑十五年
第一戰區長官部	朱桂山	潼關諜報組組長	連續藉端勒索財物	徒刑十五年
第二綏靖區濟南防守部	孟傳景	軍警督察處班長	利用職權上機會詐財	徒刑十三年
第二綏靖區青島警備部	劉健武	該部諜報隊上尉組長	藉捕漢奸，勒索鄉民七十五萬元	徒刑十年
空軍總司令部	何培茂	空運第一大隊一〇中隊中尉三級飛行員	以軍用機裝運貨物圖利	徒刑九年
空軍總司令部第五軍區	董文熾	空軍汽車第十八中隊五十二分隊隊長	盜賣公有汽油	徒刑八年
武漢警備部	臧貴麟	龍和自衛隊上尉軍醫	共同連續盜賣公有見連粉二七安士	徒刑七年
遠征軍第三十一軍	王一東	二〇九師六二六團三等正軍需主任	侵佔軍用品	徒刑五年
憲兵司令部	譚道松	南京區司令部警務科警務中士	藉捕漢奸為名，勒索居民財物	徒刑五年
武漢警備部	汪樹清	聯勤總部修理廠下士班長	共同盜賣軍用輪胎	徒刑五年
湖北保安司令部沔陽縣政府	彭志高	縣自衛隊副班長	收受賄賂	徒刑三年六月
淞滬警備司令部	張介祥	警備部稽查處偵訊員	共同藉端勒索未遂	徒刑二年六月
空軍總部第二軍區	蔣紹禹	空軍十四總站站長	移用公物牟利	徒刑二年
浙江保安司令部黃巖縣政府	陳炳仁	黃巖縣檢驗委員	藉驗壯丁，勒索鄉民	徒刑二年

附表四六　國防部軍法處處理漢奸案件一覽表

三十五年年底止

送案機關	被告姓名	曾任國軍何種職務	充任敵偽何種職務	辦理情形
前中國陸軍總司令部軍法監部	楊揆一	前軍委會中將參議	偽軍事參議院院長	死刑
	凌　霄	前軍委會中將參議	偽海軍部部長	死刑
前軍委會 調查統計局	齊燮元	前軍委會北平分會 軍事顧問	偽治安部總長	死刑
前中國陸軍總司令部軍法監部	姜西園	陸軍第四路 總司令部少將參議	偽海軍部次長	死刑
	項致莊	前軍委會中將參議	偽浙江省長等職	死刑
	李謳一	廣東第五游擊區 司令部少將參謀長	偽首都警備司令 兼偽警察總監等職	死刑
	李志千	第五十軍一四四師 上校團長	偽皖南獨立 方面軍師長	死刑
	董秀田	陸軍第四十五旅 上尉連長	偽湖州地區 司令部營長	死刑
	胡毓坤	前軍委會 北平分會中將參議	偽軍委會 總參謀長兼 軍令部長	死刑
廣州行轅	余少廷	軍委會惠陸先遣軍 少將司令	聚眾山澤抗拒官兵通謀敵國供給軍用品意圖得利收募稅捐	死刑
	黃　威	軍委會惠陸先遣軍 上校參謀		無期徒刑
	莫　南	軍委會惠陸先遣軍 少校大隊長		死刑
	周耀榮	軍委會惠陸先遣軍 少校大隊長		徒刑十年
	李　國	軍委會惠陸先遣軍 少校大隊長		死刑
空軍總司令部	姚錫九	前航空委員會 中校參議	偽航空署長等職	死刑
	韓文炳	前航委會派駐 軍令部第六科科長	歷任偽航空司 司長等職	死刑
	彭　週	空軍第五大隊 准尉見習官	幫助敵偽訓練空軍	死刑
鄭州綏署	李奉先	一戰區 挺進十五支隊 三大隊少尉書記	曾任偽榮亞部隊 書記，殘害平民 強姦民女等	死刑
浙江保安司令部 四區專署	黃志俊	三戰區軍官訓練班 畢業	通謀敵國充敵 金華憲兵大隊附	死刑
北平行轅 河北十四區專署	崔雙全	冀魯豫保安司令部 特務二營六連連長	敵偽挺進隊副官	死刑

送案機關	被告姓名	曾任國軍何種職務	充任敵偽何種職務	辦理情形
武漢行轅	余貢治	江南別働十五支隊少尉分隊長	偽蒲圻縣保安大隊大隊長	死刑
河南保安司令部	王同玉	華北教導團第三組主任	偽濟源保安大隊大隊附	死刑
山東保安司令部	劉本功	國軍上尉隊長	偽曹州剿匪司令	死刑
湖北保安司令部黃梅縣府	朱子義	黃梅自衛大隊兵	敵憲兵偵緝隊兵	死刑
廣西保安司令部蒙山縣府	黃俊才	桂東師管區衛士班長	偽蒙山保安司令部副官	死刑
湖北保安司令部陽新縣府	譚家聲	一九七師補充團三營五連中士班長	偽自衛隊少尉村隊長	死刑
武漢行轅江西保安司令部	范俊文	挺進二支隊情報員	敵佐本部隊密探	死刑
廣西保安司令部融縣縣府	鍾伯傑	融縣自衛隊十一中隊特務長	敵復興隊偵探長	死刑
湖南保安司令部	楊　輝	別働隊情報組組長	日特務組長	死刑
湖北保安司令部鴻新縣府	馬先發	曾任游擊隊多年	持械投敵任偽陽新縣保安第二大隊副官	死刑
安徽保安司令部東流縣府	汪西成	東流自衛隊二中隊中士班長	敵金子部諜報員	死刑
第二綏靖區	王鳳陽	現任新編卅六師一〇六團中士諜報員	偽陽穀縣四區隊中隊長	死刑
浙江保安司令部東陽縣府	方天福	東陽自衛隊兵	偽杭州保安獨立一中隊班長	死刑
河南保安司令部	張崑峯	河北挺進軍少將副指揮官	偽華北剿共軍司令	死刑
第二方面軍軍法監部	呂春榮	師旅團長總指揮督辦等職	偽中將參議	死刑
浙江保安司令部第六區專署	史友義	鄞西梅園鄉鄉隊副	偽十師三七團二營兵	死刑
第五戰區軍法監部	張芳洲	排長	偽華西縣人民自衛隊副官	死刑
第二戰區司令長官部	李仰友	曾任國軍軍職不明	襄陵縣敵偽防共自衛團副團長	死刑
	薛中興	曾任國軍軍職不明	襄陵縣敵偽特殊自衛團副大隊長	死刑
	嚴可卿	曾任國軍軍職不明	襄陵縣偽防共自衛團副團長	死刑
	孔仲文	曾任國軍軍職不明	應縣敵翻譯	死刑
	蔡雄飛	獨立第八旅旅長	偽保安副司令	死刑
	馮玉林	朔縣第一政衛區團長	敵一四七九部隊偵諜班工作員	死刑

送案機關	被告姓名	曾任國軍何種職務	充任敵偽何種職務	辦理情形
第十一戰區司令長官部	邵秀峯	原任國軍軍職不明	偽蒙軍軍醫	死刑
	王允誠	原任國軍軍職不明	偽托縣縣長	死刑
	張鑫澤	原任國軍軍職不明	偽集寧縣警察局警察署長	死刑
	李華亭	原任國軍軍職不明	偽西北保商督辦公署企劃局上校局長	死刑
	王鴻奎	原任國軍軍職不明	偽西北保商督辦公署總務局上校局長	死刑
	關祥麟	原任國軍軍職不明	偽卓資山警察局警尉	死刑
	武海亭	原任國軍軍職不明	偽包頭警察署警尉	死刑
	釗作宦	原任國軍軍職不明	偽包頭警察署警長	死刑
第十二戰區長官部	傅永立	原任國軍軍職不明	偽包頭警察署警察	死刑
	馬芝義	原任國軍軍職不明	包頭偽特務機關特務員	死刑
	何蔭林	原任國軍軍職不明	太原偽警務段警務員	死刑
	楊潤澤	原任國軍軍職不明	包頭偽市公署特務員	死刑
	于明祥	原任國軍軍職不明	包頭日憲兵翻譯	死刑
	劉永利	原任國軍軍職不明	包頭偽市公署特務員	死刑
	李　權	原任國軍軍職不明		
	魏三后	原任國軍軍職不明		
	高二毛	原任國軍軍職不明		
	張全德	原任國軍軍職不明	偽巴盟公署警察隊警士	死刑
	李鵬程	原任國軍軍職不明	歸綏日本領事館特務員	死刑
	李　華	原任國軍軍職不明	偽巴盟公署治安處情報組警尉	死刑
	劉兆華	原任國軍軍職不明		
	白文彬	原任國軍軍職不明	偽巴盟公署特務警尉	死刑
	賀　清	原任國軍軍職不明	綏遠日憲兵特務員	死刑
	王　仲	原任國軍軍職不明	偽巴盟公署警察隊警察	死刑
	賈秉華	原任國軍軍職不明	歸綏日憲兵特務員	死刑

送案機關	被告姓名	曾任國軍何種職務	充任敵偽何種職務	辦理情形
第十二戰區長官部	張全山	原任國軍軍職不明	歸綏日憲兵隊特務員	死刑
	費廷璽	原任國軍軍職不明	日特務機關特務員	死刑
	曹海峰	原任國軍軍職不明	平地泉偽警察署警士	死刑
	趙思遠	原任國軍軍職不明	陶林偽警察署警尉	死刑
	張　禮	原任國軍軍職不明	莎縣偽憲兵隊特務員	死刑
	景三桂	原任國軍軍職不明	敵偽特務員	死刑
	高樂天	原任國軍軍職不明		
	高　傑	原任國軍軍職不明		
前中國陸軍總部軍法監部	張自健	南通縣保安團上尉中隊長	偽平湖自衛隊隊長	無期徒刑
	陸愈人	第二游擊區指揮部參謀處上尉科員	偽蕪湖情報科副科長	無期徒刑
	陶永芳	龍江騎兵第十團連長	偽駐日大使館少將武官	無期徒刑
空軍總司令部	柯宗標	清和縣空軍站上尉站長	偽杭校教官及空軍司科長	無期徒刑
	張書紳	南苑飛行場中尉場長	偽軍官訓練團	無期徒刑
	方　政	空軍十二總站五股二等機械佐	偽高級教官參贊武官等職	無期徒刑
武漢行轅	程炎齋	曾任連排長等職	偽二十九師上校團長	無期徒刑
浙江保安司令部第六區專署	周再生	中央軍校畢業	偽十師聯絡參謀	無期徒刑
第二綏靖區	宋希贇	新編第三十六師少校參謀	日憲兵隊工作員	無期徒刑
湖南保安司令部阮江縣政府	尤　鵬	第九十二師二七五團二營五連中尉排長	偽青山游擊隊一大隊隊長	無期徒刑
廣西保安司令部融縣政府	韋受輝	融縣自衛隊兵	偽長安保安隊兵	無期徒刑
第七十五軍司令部	李岑雲	七十五軍諜報隊一等兵	敵軍密偵	無期徒刑
浙江保安司令部第二區專署	師　劍	保安獨立第五大隊指導員	偽天雄部軍職	無期徒刑
浙江保安司令部杭縣政府	王宗標	八八軍二一師六三團三營八連兵	偽浙保二團兵藉敵勢橫行勒索	無期徒刑

送案機關	被告姓名	曾任國軍何種職務	充任敵偽何種職務	辦理情形
鄭州綏靖公署 第五綏靖區	劉芝宇	別動六縱隊一支隊 一大隊二中隊 一級組員	曾在沁陽縣敵便 衣隊長任內搶劫	無期徒刑
武漢行轅 江西保安司令部	鍾萬夑	前九八師 野補團三營九連兵	南昌偽保安大隊 分隊長	無期徒刑
浙江保安司令部 第六區專署	樓宗祿	奉化自衛隊 第六中隊長	奉化偽保安隊 中隊長	無期徒刑
第一戰區長官部	李希俊	一戰區挺進軍 一縱隊三大隊 一中隊班長	敵憲兵隊 特務班長	無期徒刑
武漢行轅	張　炎	前十三師排長	宜昌敵憲兵隊 密探	無期徒刑
湖北保安司令部 公安縣府	田昌全	七三軍兵	偽建國軍七中隊 傳達班長	無期徒刑
第十二戰區 長官部	田　俊	原任國軍軍職不明	偽包頭警察署 警察	無期徒刑
	高德亮	原任國軍軍職不明	偽同盟軍 上校團長	無期徒刑
前中國陸軍總部 軍法監部	黃　琛	前軍委會北平分會 少將參事	偽參贊武官公署 參贊武官等職	徒刑五年
	李慧濟	海軍部軍需司 上尉科員	偽海軍次長等職	徒刑十年
	劉長慶	前北平憲兵司令 部少校中隊長	偽憲兵司令部 上校參謀長	徒刑八年
	華澤衍	青林陸軍軍官學校 教練處少校教官	偽首都警察總監 署水巡隊隊長	徒刑十年
	吳濟良	魯蘇皖邊區指揮部 上尉營附	偽三十四師大隊 附等職	徒刑 十二年
	孫　萍	二十九軍駐京辦事 處少尉服務員	偽三十七軍上尉 副官	徒刑五年
	曹守璋	馬占山部教導團 上尉副官	偽陸軍部軍械司 上校代司長	徒刑 十八年
	鄭稚秋	江蘇省保安第五旅 特務營營長	偽軍事參議院 參議	徒刑十年
	陳昌祖	前軍委會 中校服務員	偽航空署長等職	徒刑 十二年
	鄭大章	前騎兵第三軍軍長	偽軍事參議院 副院長	徒刑七年
淞滬警備司令部	孫建言	長江下游挺進軍 第十三縱隊副司令	偽蘇北第二屯墾 軍總隊長	徒刑八年
憲兵司令部	胡正剛	安徽和縣自衛隊 中尉隊附	偽巢縣無為縣 縣長	徒刑七年

送案機關	被告姓名	曾任國軍何種職務	充任敵偽何種職務	辦理情形
空軍總司令部	王世源	長汀飛機場中尉場長	歷任偽空軍課長及偽參贊武官等職	徒刑十二年
	陸民基	航委會第五飛機修理廠白鐵股股長	偽教官科長連長等職	徒刑十年六月
	黃北寅	廣州空軍特務處一組組長	偽航空署科員科長等職	徒刑十二年
	鄧　蘇	第一飛機製造廠機械士	偽空軍機務員	徒刑十年
第一綏靖區	徐梅初	京滬戍一總隊二縱隊四支隊一大隊少校大隊長	偽無錫保安隊副隊長	徒刑十五年
徐州綏靖公署 江蘇保安司令部	鄭德昭	六合民眾自衛大隊長	偽六合保安大隊中校副支隊長	徒刑十五年
浙江保安司令部	葛志剛	十集團軍密查組中尉管理員	偽中順部上尉副官	徒刑十五年
第一戰區長官部 西安警備部	郭士傑	冀游擊縱隊運城支隊少校副官	偽太原省會警察局巡官	徒刑十五年
鄭州綏署	萬和清	五五軍七四師二二一團四連中尉排長	通諜敵國洩漏有關軍事祕密	徒刑七年
北平行轅	程廣道	北平憲兵司令部上校部附	偽河南省警務廳長	徒刑五年
鄭州綏署	王勇吾	前三十九集團軍上校參議	偽第一軍第四師副師長	徒刑七年
武漢行轅 江西六區專署	趙　震	清源公安局少校大隊長	偽中央軍校武漢分校上校教官	徒刑五年
鄭州綏署	符子英	一戰區挺進六縱隊十二支隊上校隊長	偽民團軍團長	徒刑三年
武漢行轅	余育生	勝利後信陽保安大隊少校大隊長	偽信陽四區區長	徒刑三年
北平行轅	夏中康	前北平行轅參謀等職	偽軍訓部廳長陸軍高等學校教官等職	徒刑七年
	馬文起	二十九軍參謀	偽治安部科長偽七集團軍少將司令	徒刑三年
河南保安司令部	吳德昭	別動二縱隊二大隊准尉組員	偽新鄭憲兵特務隊聯絡員	徒刑十年
浙江保安司令部	金善忠	救國軍上海別働隊隊員	偽特工七六號杭州三科行動員	徒刑七年
	喻漢璜	餘杭縣自衛隊大隊附	偽浙江保安學兵隊教官	徒刑七年

送案機關	被告姓名	曾任國軍何種職務	充任敵偽何種職務	辦理情形
鄭州綏署	李林森	臨泉指揮所十縱隊二支隊一大隊中尉隊附	偽懷遠縣人民自衛團副團長	徒刑七年
憲兵司令部	李濟時	憲兵司令部總務處特高組大隊上尉副隊長	偽憲兵司令部警務處長等職	徒刑七年
廣西保安司令部第七區專署	瞿寶山	第九軍廿師七一團二營五連上尉連長	敵偽越南情報工作員	徒刑七年
武漢行轅江西保安司令部	許欽齋	江西軍管區壯丁大隊長	偽德安縣保安大隊長	徒刑八年
武漢行轅	龍大海	鄂東保安四旅一團情報組長	曾充廣水敵憲兵大隊附	徒刑六年
武漢行轅武漢警備部	劉一彬	豫東師管區少尉排長	日憲兵憲佐	徒刑五年
第二綏靖區	張中三	後勤總部汽車修理廠中尉副官	歷城警察局特務員及縣長等職	徒刑五年
京滬衛戍總部	楊旭華	常熟保安團上尉服務員	偽吳縣保安隊第二中隊長	徒刑五年
武漢行轅	周維丹	前一九七師蕩寇軍中尉副官	偽維新軍參謀長副官長	徒刑三年
	丁炳南	一三三師三九九團二營八連上尉連長	偽當陽保安大隊附	徒刑二年六月
	丁　鵬	一二八師中士班長少尉排長	偽警尉二師中尉連附	徒刑二年六月
	鄔天民	鄂南三攻擊部准尉附員	偽大冶縣人民自衛團一營上尉營附	徒刑二年六月
浙江保安司令部	錢水根	八九軍三三師九八團三營八連特務長	偽三六師一六五團一營機槍特務長	徒刑二年六月
武漢行轅	倪汝才	一二八師獨一旅四營十二連特務長	天門偽保安大隊三中隊中尉隊附	徒刑二年六月
	段仁義	陸軍一二一師少尉排長	天門偽保安隊代理連長	徒刑二年六月
浙江保安司令部	申占魁	忠救軍上尉中隊長	偽一方面軍一師一團少校團附	徒刑二年六月
鄭州綏靖公署	李瑞紱	前五戰區上校諮議	為敵招軍擔任有關軍事職役	徒刑二年六月
武漢行轅	陸星元	一二八師獨立旅四營十二連排長	偽天門保安隊總隊准尉服務員	徒刑二年六月

送案機關	被告姓名	曾任國軍何種職務	充任敵偽何種職務	辦理情形
北平行轅	顏效武	二九軍三八師特務營一連少尉排長	靈壽縣偽保安大隊副大隊長	徒刑二年六月
	齊　雲	察省府諮議	偽治安軍營團長司令等職	徒刑五年
	王　斌	東北砲三團排長	偽軍學局長為敵計劃作戰方針	徒刑三年
浙江保安司令部杭縣縣府	馬鴻貴	忠救軍三縱隊三支隊一大隊組員	充偽保安隊上等兵時曾犯搶劫及鴉片等罪	徒刑十三年
安徽保安司令部繁昌縣府	蔡　楷	一四四師四三一團傳令兵	偽獨立方面軍二師四團一營傳令兵	徒刑七年
江西保安司令部	周萬德	一八三師五四七團三營八連下士班長	偽安義縣警察局特務組長	徒刑七年
武漢行轅	潘國卿	前四十師二等兵	偽鄂安總隊二大隊大隊附	徒刑十二年
湖北保安司令部鍾祥縣府	劉明新	前二九師排長	敵憲兵密探搜刮民財燒殺人民	徒刑六年
湖南保安司令部	劉高極	第十軍列兵	敵便衣隊伕役時藉敵勢力危害人民	徒刑五年六月
武漢行轅	王炳卿	第十九師一〇九團三營九連下士班長	偽永修縣保安一中隊中隊長	徒刑四年
浙江保安司令部	蔡如松	六二師列兵	桐鄉縣自衛隊大隊長	徒刑四年
江西保安司令部	王棟樑	前一〇五師六三〇團一營三連上士班長	偽永修縣保安隊教官及分隊長等職	徒刑四年
第一綏靖區	張志成	忠救軍八支隊二大隊三中隊中士班長	偽十二路司令部連附	徒刑五年
	陳高興	二八軍五二師砲兵營上士班長	敵特工隊長	徒刑五年
武漢行轅	劉子芬	九戰區鐵肩第三中隊中隊長	敵憲兵密探	徒刑四年
浙江保安司令部第五區專署	朱　鵬	忠救軍淞滬游擊隊兵	偽富陽保安大隊中士班長	徒刑三年六月
江西保安司令部	黃金全	新三軍十二師三五團傳令兵	偽靖安隊兵	徒刑三年
武漢行轅	胡海志	前陸軍一二八師獨一旅四營司書	偽天門保安隊班長	徒刑二年六月
	陳文卿	一二八師獨一旅四營下士班長	偽天門保安隊三中隊代理分隊長	
北平行轅	葛振海	二九軍獨立旅機槍連班長	日一四一五部隊特務工作隊隊附	徒刑十年

送案機關	被告姓名	曾任國軍何種職務	充任敵偽何種職務	辦理情形
武漢行轅	劉子珍	前十七軍廿一師 一二一團代理排長	偽威寧縣保安 大隊上尉隊附	徒刑五年
湖南保安司令部	王樹霖	一一八師 三五四團情報上士	曾在偽兵工一團 服務	徒刑十年
浙江保安司令部	萬長春	六二師中士	偽新市特務隊兵	徒刑四年
武漢行轅	王緒武	卅三師下士情報員	沙市敵憲兵隊 密探	徒刑五年
徐州綏署	靳　芳	忠救軍蘇常爆破組 第二小組組長	偽武進縣政府 聯絡員	徒刑七年
憲兵司令部	李　芳	憲兵第二十團 特務下士	偽滁縣縣政府科員	徒刑 二年六月
北平行轅	羅寶泰	第三集團軍高級參 謀北平軍委會分會 步兵科幹事	偽治安部上校 科長綏署教官	徒刑三年
湖南保安司令部 桂陽縣府	馬文輝	前十軍十師三十團 二營機槍二連上士	敵駐柳縣憲兵隊 稽查	徒刑 二年六月
浙江保安司令部 第四區專署	王金生	六三師列兵	偽蘭谿保安隊列兵	徒刑 二年六月
浙江保安司令部 杭縣縣府	郎寶連	縣自衛隊兵	曾在偽浙江 保二團服務	徒刑 一年六月
	潘連生	六二師五六旅三二 團三營八連列兵	浙江鳳橋 偽區公所隊士	徒刑 一年六月
浙江保安司令部 第十區專署	馬學武	前十一師列兵	偽一師一等兵	徒刑 一年三月
浙江保安司令部 第四區專署	馬鹿鳴	前十三師文書下士	偽義烏縣保安隊 特務長	徒刑 二年六月
河南省 保安司令部	李榮卿	河南三區 保安隊大隊長	偽十二師師長	死刑
鄭州綏署	楊宏北	山東保安第八旅 團長	偽徐海稅務司長	無期徒刑
北平行轅	龐浩然	排連營團長	偽綏靖副司令	徒刑 十五年
湖北保安司令部 崇陽縣府	戴和寶	湘鄂贛邊區 挺進三縱隊四大隊 十二中隊班長	偽崇陽保安隊上士	徒刑 十三年
徐州綏署 第一綏區	魏河清	魯蘇皖游擊指揮部 特務大隊二連排長	偽一集團軍特務 團一營二連連附	徒刑八年

送案機關	被告姓名	曾任國軍何種職務	充任敵偽何種職務	辦理情形
北平行轅	文大可	東北六四四團一營營長	偽三十一師師長	徒刑七年
	姜恩溥	三十二軍軍士隊隊長	偽四集團軍少將司令	徒刑五年
	關增倫	東北一二〇師連長	偽華北陸軍軍校助教少校中隊長等職	徒刑五年
	梁　棟	東北混成三旅十八團一營上尉連長	偽江蘇東海縣保安隊少校隊附	徒刑五年
河北保安司令部通山縣府	舒聯輝	卅集團軍行動一支隊中隊附	敵偽南林橋指導班中隊長	徒刑五年
武漢行轅	朱選達	別働六縱隊特務大隊附	偽天門保安大隊班長	徒刑五年
浙江保安司令部嘉興縣府	時麟貴	十集團軍特二班軍職	偽平湖自衛隊長	徒刑五年
武漢行轅	傅庚生	九戰區別働二縱隊二支隊一大隊七中隊排長	偽紹興保安隊服務員	徒刑二年六月

第三節　處理戰犯

一、制定處理法規

處理戰犯事處創舉，我國固無成法，國際亦乏完備之律例，前軍政部軍法司奉令經辦處理戰犯工作，經會同司法行政部及前軍令部，擬定「戰爭罪犯處理辦法」、「戰爭罪犯審判辦法」、「戰爭罪犯審判辦法施行細則」等三種法規，呈經前軍事委員會於三十四年十二月及三十五年一月，先後通令頒行。六月國防部成立，軍事機構改制，原有規定，多與現時不合，而「審判辦法」及「施行細法」施行以來，其中所不無應加以補充修正之處，因將辦法及細則合而為一，並予補充修正，擬定「戰爭罪犯審判條例」經送立法院審議通過，乃於本年十月二十四日府令公佈施行。

二、成立機構

依照戰爭罪犯處理辦法及審判辦法，關於戰犯之拘留審判，應成立戰犯拘留所及審判戰犯軍事法庭辦理。三十五年一月，中國陸軍總司令部，武漢、廣州、東北三行營，第一、第二、第十一、第十二戰區四長官部，徐州、鄭州、衢州三綏署，第一、第二綏靖區司令部，及台灣警備總司令部等十四機關，於三十五年二月至四月間，分別配設審判戰犯軍事法庭及戰犯拘留所，並會飭第一方面軍於越南河內成立戰犯拘留所，以羈押越北戰犯，嗣第一方面軍內調，第一、第十二戰區等逮捕戰犯人數甚少，衢州綏署復以交通不便，當經依擬各處逮捕人數及交通情形，予以裁撤歸併，計成立軍事法庭及戰犯拘所各十處。（如附表四七）

三、拘留戰犯

各地逮捕之戰犯，均按其犯罪地點、逮捕地區，分別交由各戰犯拘留所羈押，以候軍事法庭偵查審判，各拘留所收容之戰犯，最多時為本年七月間，共達一千七百餘人，目前亦有一千二百餘人。

四、審判戰犯

所有戰犯案件，均按其犯罪地區，分別交由各審判戰犯軍事法庭審理，以便就地區調查其罪行，提其訴訟，並受理機關團體及人民對戰爭罪犯之告發，惟戰犯之審判，既無先例可援，復乏成法可依，乃蒐集有關國際戰爭之各種法規條約，及此次大戰同盟國處理戰犯之協定文告規章等有關文獻，分別予以整理翻譯，彙編印發各軍事法庭，以為引用國際法之依據，並作審理時之參考，在國內法方面，並隨時對各庭提出之法令疑義，予以解答。

截至本年十二月底止，各軍事法庭受理之案件，共計一千三百三十六件，審結一百一十八件，其中敵酋酒井隆等二十五名，以罪行重大，業經依法判處死刑，呈奉核定執行。（附表四八）

附表四七　各軍事法庭組織概況表

三十五年十二月　軍法處編

名稱	設置地點	成立日期	法庭組織人員			
			司法行政部遴選			軍事機關遴選
			庭　長	檢察官	審判官	審判官
本部審判戰犯軍事法庭	南京	35/2/15	石美瑜	陳光虞 李　璿 徐乃堃	1	3
武漢行轅審判戰犯軍事法庭	漢口	35/2/20	唐守仁	吳　俊	1	3
廣州行轅審判戰犯軍事法庭	廣州	35/2/15	劉賢年	蔡鈞金 吳念祖	1	3
東北行轅審判戰犯軍事法庭	瀋陽	35/3/1	岳成安	黃品平	1	3
第二戰區長官部審判戰犯軍事法庭	太原	35/3/1	劉之瀚	胡　儼	1	3
第十一戰區長官部審判戰犯軍事法庭	北平	34/12/16	余　彬	任鍾埒	1	3
徐州綏靖公署審判戰犯軍事法庭	徐州	35/4/1	陳　珊	陳繩祖	1	3
第一綏靖區司令部審判戰犯軍事法庭	上海	35/2/21	李　良	林我朋	1	3
第二綏靖區司令部審判戰犯軍事法庭	濟南	35/2/15	李法先	李鴻希	1	3
台灣警備總司令部審判戰犯軍事法庭	台灣	35/5/1	錢國成	施久藩 符樹德	1	3

附表四八　國防部軍法處核定各戰犯罪刑調查表

民國三十五年底止

原審機關	被告姓名	籍貫	曾任職務	罪名	刑名
本部	酒井隆	日本廣島	日步兵旅團長	屠殺俘虜傷兵及非戰鬥員並強姦搶劫濫施酷刑破壞財產等	死刑
徐州綏署	古性與三郎	日本神奈川	第一獨立警備隊大尉中隊長	連續搶劫	死刑
第十一戰區長官部	堤正勝	日本茨城	貢家台警務分所所長	殺人	死刑
	鹿又忠治	日本福島	貢家台警務分所警務員	殺人	死刑
	香川信義	日本樺太	日性報系書記	殺人	死刑
	山口利春	日本山梨	豐台警務所長	連續殺人	死刑
	白天瑞	日本	通譯	連續共同殺人	死刑
廣州行轅	陳添錦	台灣新竹	日海軍武官府駐中國能穴島僱員	共同殺人及販賣鴉片	死刑
第二綏靖區司令部	崗平菊夫	日本長崎	鐵路段長	共同殺人妨害自由及遺棄屍體等罪	死刑
徐州綏署	膳英雄	日本愛媛	日憲兵隊長	共同殺人	死刑
	中屋義春	日本高知	日憲兵隊科長		
廣州行轅	栗原榮太郎	日本埼玉	日鐵道十五聯隊一大隊書記軍曹	共同殺人	死刑
第二綏靖區司令部	青井真光	日本岡山	日新華院院長	共同實施暴行連續殺害俘虜及遺棄屍體等罪	死刑
廣州行轅	植野誠	日本廣島	日憲兵曹長	共同殺人及妨害自由等	死刑
第二綏靖區司令部	田中政雄	日本山口	日憲兵隊長	共同殺人妨害自由及傷害人之身體及健康等	死刑
第十一戰區長官部	高橋鐵雄	日本北海道	曾任職務不詳	連續在戰爭期間屠殺平民	死刑
	金澤正雄	朝鮮平陽	翻譯	連續共同屠殺平民及搶劫	死刑
廣州行轅	木下尊裕	日本福岡	日憲兵大尉隊長	共同殺人	死刑
	岸田加春	日本大阪	日憲兵准尉特高主任		
	小橋偉志	日本神戶	日憲兵軍曹		
	山田垣義	日本德島	日憲兵軍曹		
	安藤茂樹	日本香川	日憲兵軍曹		

原審機關	被告姓名	籍貫	曾任職務	罪名	刑名
徐州綏署	井上源一	日本愛媛	日憲兵伍長	共同搶劫及連續對非軍人施以酷刑	死刑
	松本芳雄	日本島根	日憲兵軍曹	共同連續對非軍人施以酷刑	死刑
武漢行轅	宮地春吉	日本靜岡	日憲兵派出所長	殺人	死刑
	吉原喜助	日本埼玉	日憲兵分隊長	明知有罪之人而無故不使其受追訴	徒刑二年
	高井守夫	日本岐阜	日憲兵上等兵	共同遺棄遺體	徒刑一年
徐州綏署	入山博	日本岐阜	日憲兵分隊長	藉勢強佔財物	無期徒刑
武漢行轅	石神鐵山	日本鹿兒島	聯絡兵	連續販賣鴉片	無期徒刑
第十一戰區長官部	荒木和夫	日本茨城	日憲兵	在戰爭時期謀殺平民	無期徒刑
	安達宏	日本兵庫	日憲兵准尉	拘留平民加以不人道之待遇	徒刑五年
	竹內嘉一郎	日本	鐵路工人	連續傷害人之身體	徒刑五年
武漢行轅	柯大樹	台灣	處長	連續意圖為自己不法之所有以恐嚇使人將本人之物交付	徒刑七年六月
	青木瞭藏	日本島根	日憲兵軍曹	連續拘禁平民予以不人道之待遇	徒刑七年六月
第一綏靖區	湯淺寅吉	日本千葉	日俘虜收容所管理員	連續傷害俘虜	徒刑四年六月
武漢行轅	楊洪展	台灣	日憲兵上等兵	在戰爭時期對平民施酷刑	徒刑一年六月
第十一戰區長官部	市宮直太郎	日本山形	日警備指導員	傷害人之身體連續私刑拘禁	徒刑七年
廣州行轅	宮崎修司	日本千葉	日憲兵曹長	連續傷害人之身體	徒刑四年六月
徐州綏署	渡邊市郎	日本埼玉	日憲兵	共同對非軍人施以酷刑	徒刑十年
	中島愼太郎	日本島根	日憲兵長		
	白川義弘	日本福岡	日憲兵長		
	中川慕治	日本兵庫	日憲兵軍曹		
	兒玉協	日本愛媛	日憲兵軍曹		徒刑十二年
廣州行轅	町田昂太郎	日本京都	日憲兵分所長	共同連續傷害人之身體	徒刑二年
	及川一右衛門	日本	日憲兵軍曹		
武漢行轅	山田卯助	日本宮崎	三井物產會社囑託	侵占私有住宅	徒刑六月
本部	中山九三	日本群馬	俘虜營事務員	虐待俘虜	徒刑七年
	蔡森	台灣	俘虜營看守員		徒刑四年
	朱海閭	台灣	俘虜營現場員		徒刑四年
	崔秉斗	朝鮮	俘虜營管理員		徒刑七年

第十七章　副官處

第一節　人事行政

第一款　員額控制

副官處主管全國陸海空軍上校以下之人事行政，及將級人事命令之發佈，全般人事資料之管理，截至本年十二月底止，全國陸海空軍定員為四七三、五五一員，現員為二九二、五七四員，其詳細員額區分如附表四九—五〇。

第二款　異動及甄審

本年度十至十二月份，全般人事動態，計任免部份：新任二八、七三二員，升任七、二六七員，調任四〇、二一八員，免職九、八九七員，停職四三〇員，復職二員，開缺五七一員，撤職一、二九〇員。死亡部份：病故四〇八員，失踪五二八員，傷亡一、五四八員。請假部份：婚假一〇員，喪假二七員，病假二四員，事假六六員，其分月分階異動概況如附表五一—五二。

前段異動概況任免部份之撤職人員，計一、二九〇員，內包含撤職者六八九員，撤職通緝者六〇一員。經就案件發生原因，分別調查統計如附表五三—五四。

本年度辦理軍官佐儲備及無職軍官登記，全國重要幕僚長、政工主管、機關科長及團營長經審定儲備者計三二二員，其概況如附表五五。處理無職軍官登記案，除由副官處直接處理者外，並移出一、五五三案由中訓團處理，關於全般無職人員處理概況如附表五六。

本年九至十二月份，承辦軍用文職人員登記，計核轉登記者一、四〇六員，不予登記者一、四〇四員，共計二、八一〇員，其分月分階辦理概況如附表五七—五八。

第三款　考核與獎懲

副官處考核業務，先致力於卅四年度終考績積案之辦理，並依據陸海空軍軍人考績條例實施辦法，釐訂卅五年度考績辦理程序，通令全國各軍事機關學校部隊，呈報本年度考績，至十二月底止，各單位考績，除綏靖部隊未能悉行如期呈報外，其餘均陸續到部，本案預期於卅六年三月份以前，可能辦理完竣。

本年度九至十二月份，全國官兵因功受勛獎者計一、六八一員，其分月分階辦理概況如附表五九—六〇。

本年度九至十二月份全國官兵受懲罰者計二、〇八九員，其分月分階辦理概況如附表六一—六二。

第四款　籍錄登記

副官處現有全國陸海空軍人事籍錄，悉由前軍委會及前軍政部所屬各人事機構移交，自本年度九月份開始接收整理，截至十二月底止，關於整理籍錄，集編詳歷，登記動態及調歷查案等登記業務概況如附表六三。全國陸海空軍官佐詳歷，經分別整理完竣者共二、〇四一、五〇〇份，其來源如附表六四。

附表四九　全國陸海空軍定現員額統計

區分		陸軍		海軍	
定員及現員		定	現	定	現
軍官	上校	8,383	3,422	119	87
	中校	14,480	5,097	233	179
	少校	22,815	9,667	435	389
	上尉	60,767	32,597	847	819
	中尉	47,496	36,891	840	795
	少尉	68,445	36,218	577	788
	准尉	28,740	27,816	594	826
	小計	278,126	151,708	3,645	3,883
軍佐	一等正	2,370	763	10	4
	二等正	4,698	1,508	34	26
	三等正	11,174	3,646	122	88
	一等佐	23,501	9,461	280	208
	二等佐	14,189	5,924	247	203
	三等佐	4,955	3,287	164	144
	准佐	721	784	5	30
	小計	61,608	25,573	862	703
軍屬	軍簡一階	96	66		
	軍簡二階	661	709	2	2
	軍簡三階	4,289	3,831	19	9
	軍薦一階	7,022	10,059	48	27
	軍薦二階	17,811	10,865	67	63
	軍委一階	28,109	28,490	185	130
	軍委二階	29,673	16,204	160	170
	軍委三階	21,236	16,343	345	238
	軍委四階	19,134	9,553	473	345
	小計	128,011	96,120	1,299	992
總計		467,745	273,401	5,806	5,578

區分		空軍		總計	
定員及現員		定	現	定	現
軍官	上校		41	8,502	3,550
	中校		221	14,713	5,497
	少校		868	23,250	10,924
	上尉		798	61,614	34,214
	中尉		439	75,336	38,125
	少尉		5,375	69,022	42,381
	准尉		5,853	29,334	34,495
	小計		13,595	281,771	169,186
軍佐	一等正			2,380	767
	二等正			4,732	1,534
	三等正			11,296	3,734
	一等佐			23,781	9,669
	二等佐			14,426	6,127
	三等佐			5,119	3,431
	准佐			726	1,014
	小計			62,470	26,276
軍屬	軍簡一階			96	66
	軍簡二階			663	711
	軍簡三階			4,288	3,840
	軍薦一階			7,070	10,086
	軍薦二階			17,878	10,928
	軍委一階			28,294	28,628
	軍委二階			29,833	16,374
	軍委三階			21,581	16,581
	軍委四階			19,607	9,898
	小計			129,310	97,112
總計			13,595	473,551	292,574

資料來源：1. 陸軍定現人員係依據副官處軍官佐人事組任免登記冊統冊統計。
2. 海空軍定現員人數係依據海空軍總司令部資料統計。

附註：1. 本表員額截三十五年十二月底正。
2. 陸軍現員之其他兵科係陸軍政工及配屬空軍之陸軍人員。
3. 海軍定現員係包括配屬海軍單位之陸空人員。
4. 上校、少將兩用者一律列為上校。

附表五〇　全國陸軍定現員統計

定員總計 467,745
現員總計 273,401

區分		憲兵		步兵	
定員及現員		定	現	定	現
軍官	上校	88	5	6,998	2,777
	中校	176	116	11,302	3,712
	少校	568	176	16,286	6,286
	上尉	158	571	44,201	21,806
	中尉	1,497	861	53,332	24,621
	少尉	585	544	51,633	24,918
	准尉	346	496	22,660	15,306
	小計	3,440	2,779	206,412	99,422

區分		騎兵		砲兵	
定員及現員		定	現	定	現
軍官	上校	148	58	405	116
	中校	216	85	529	210
	少校	658	365	1,373	460
	上尉	660	404	2,280	1,730
	中尉	1,071	654	5,166	2,466
	少尉	712	539	5,478	2,624
	准尉	407	171	1,938	2,013
	小計	3,935	2,286	17,169	9,619

區分		工兵		通信兵	
定員及現員		定	現	定	現
軍官	上校			95	99
	中校			293	147
	少校			837	480
	上尉			1,161	1,250
	中尉			2,867	1,743
	少尉			1,956	1,280
	准尉			839	699
	小計			8,498	5,699

區分		輜重兵		戰車兵	
定員及現員		定	現	定	現
軍官	上校	210	96	54	13
	中校	739	291	98	48
	少校	1,026	437	219	66
	上尉	4,116	2,612	653	171
	中尉	5,658	3,097	616	190
	少尉	4,182	2,793	687	173
	准尉	1,385	1,582	12	19
	小計	7,316	10,908	2,339	680

區分		化學兵		其他	
定員及現員		定	現	定	現
軍官	上校	25	11	161	123
	中校	69	39	650	277
	少校	98	48	827	1,023
	上尉	193	242	5,149	2,588
	中尉	289	142	1,182	1,629
	少尉	255	249	20	1,463
	准尉	142	248		5,951
	小計	1,071	977	7,989	13,029

區分		軍官合計	
定員及現員		定	現
軍官	上校	8,383	3,422
	中校	14,480	5,097
	少校	22,815	9,667
	上尉	60,767	32,597
	中尉	74,496	36,891
	少尉	68,445	36,218
	准尉	28,740	27,816
	小計	278,126	151,708

區分		軍需		軍醫	
定員及現員		定	現	定	現
軍佐	一等正	800	232	1,376	485
	二等正	2,457	733	1,885	693
	三等正	5,036	1,626	5,016	1,804
	一等佐	10,251	4,003	11,391	4,863
	二等佐	7,456	2,913	5,773	2,745
	三等佐	2,699	1,528	1,871	1,453
	准等佐	310	367	354	518
	小計	28,981	11,420	27,666	12,561

區分		獸醫		司藥	
定員及現員		定	現	定	現
軍佐	一等正	66	9	45	3
	二等正	117	31	89	10
	三等正	294	77	337	61
	一等佐	647	255	795	201
	二等佐	235	97	450	78
	三等佐	57	69	104	114
	准等佐		41	5	7
	小計	1,416	579	1,825	474

區分		測量		軍樂	
定員及現員		定	現	定	現
軍佐	一等正	80	33	3	1
	二等正	148	41	2	
	三等正	484	77	7	1
	一等佐	403	134	14	5
	二等佐	257	66	16	7
	三等佐	208	110	46	13
	准等佐		38	52	13
	小計	1,580	499	140	40

區分		軍佐合計	
定員及現員		定	現
軍佐	一等正	2,370	763
	二等正	4,698	1,508
	三等正	11,174	3,646
	一等佐	23,501	9,461
	二等佐	14,189	5,921
	三等佐	4,955	3,284
	准等佐	721	984
	小計	61,680	25,573

區分		軍文		軍技	
定員及現員		定	現	定	現
軍屬	軍簡一階	23	19	73	47
	軍簡二階	435	593	226	116
	軍簡三階	2,784	2,837	1,485	994
	軍薦一階	4,744	8,726	2,278	1,333
	軍薦二階	8,550	5,950	9,255	4,915
	軍委一階	17,056	22,137	11,053	6,353
	軍委二階	22,743	11,152	6,930	5,052
	軍委三階	16,775	12,585	4,461	3,758
	軍委四階	16,801	7,342	2,.333	2,221
	小計	89,917	71,341	38,094	24,779

區分		軍屬合計	
定員及現員		定	現
軍屬	軍簡一階	96	66
	軍簡二階	661	709
	軍簡三階	4,269	3,831
	軍薦一階	7,022	10,059
	軍薦二階	17,811	10,865
	軍委一階	28,109	28,490
	軍委二階	29,673	16,204
	軍委三階	21,236	16,343
	軍委四階	19,134	9,553
	小計	128,011	96,120

資料來源：1. 陸軍定現員人數係依據副官處軍官佐人事組軍屬任免登記冊統計。
2. 海空軍定現員人數係依據海空軍總司令部資料統計。

附註：1. 本表員額截至三十五年十二月底正。
2. 陸軍現員之其他兵科係陸軍政工及配屬空軍之陸軍人員。
3. 上校、少將二用者一律列為上校。
4. 軍文欄包含軍法人員。

附表五一　國防部副官處承辦人事異動分月統計

三十五年度

區分	任免							
	新任	升任	調任	免職	停職	復職	開缺	撤職
十月	9,374	2,461	14,602	4,234	56		149	401
十一月	9,577	2,422	13,406	2,884	143	2	190	490
十二月	9,781	2,384	12,204	2,779	231		232	399
總計	28,732	7,267	40,218	9,897	430	2	571	1,290

區分	死亡			請假			
	病故	失蹤	傷亡	婚假	喪假	病假	事假
十月	26	19	279	1	7		10
十一月	136	176	516	3	2		22
十二月	246	333	753	6	18	24	34
總計	408	528	1,548	10	27	24	66

資料來源：十月份、十二月份係依據軍官組軍屬組各科資料調製，
十一月份係依據登記資料調製。

附表五二　國防部副官處承辦人事異動分階統計

三十五年度

區分		任免							
		新任	升任	調任	免職	停職	復職	開缺	撤職
軍官	上校	642	11	1,010	202	3		1	5
	中校	1,161	32	1,792	340	7		2	14
	少校	1,584	44	3,182	604	10	1	11	23
	上尉	4,874	1,179	8,019	1,674	38	1	121	301
	中尉	5,403	2,073	12,551	2,067	156		158	349
	少尉	5,453	1,907	6,660	1,844	149		185	257
	准尉	5,405	1,329	3,810	1,278	49		88	291
	小計	24,522	6,575	37,024	8,009	412	2	566	1,236
軍佐	一等正	154		49	13			1	
	二等正	325	2	129	45				
	三等正	544	18	320	121	1		1	4
	一等佐	1,175	142	644	250	6		3	5
	二等佐	573	146	446	174	2			9
	三等佐	633	131	299	88	8			14
	准佐	223	17	74	29				2
	小計	3,627	456	1,961	720	17		5	341
軍屬	軍簡一階								
	軍簡二階	1		4					
	軍簡三階	2		18	16				
	軍薦一階	24	2	86	109				
	軍薦二階	86		151	131				
	軍委一階	113	32	211	169	1			12
	軍委二階	158	51	166	165				2
	軍委三階	139	119	368	394				6
	軍委四階	60	32	199	184				
	小計	583	236	1,233	1,168	1			20
總計		28,732	7,267	40,218	9,897	430	2	571	1,290

區分		死亡			請假			
		病故	失蹤	傷亡	婚假	喪假	病假	事假
軍官	上校	22	8	21		2	3	2
	中校	56	17	30			4	3
	少校	56	39	142	2	1	2	11
	上尉	17	85	432	4	2	3	3
	中尉	69	137	279	1	2	4	9
	少尉	40	96	242			1	4
	准尉	2	21	85				
	小計	262	403	1,231	7	7	17	32
軍佐	一等正	11	2	13		1	1	
	二等正	33	6	19		3		4
	三等正	21	11	31	1	6		5
	一等佐	9	14	74		4		7
	二等佐	12	3	52		1		
	三等佐	5	8	37			1	
	准佐		2	7				
	小計	91	46	233	1	15	2	16
軍屬	軍簡一階							
	軍簡二階							
	軍簡三階	7		9			1	
	軍薦一階	18	3	8		1	2	2
	軍薦二階	13	5	14	1	1		9
	軍委一階	7	19	21	1	2	1	4
	軍委二階	4	17	17		1	1	1
	軍委三階	6	24	11				2
	軍委四階		11	4				
	小計	55	79	84	2	5	5	18
總計		408	528	1,548	10	27	24	66

資料來源：係依據軍官軍屬組登記各科資料調製。

附註：撤職人數包含撤職者 639 員，撤職通緝者 601 員。

附表五三　國防部副官處承辦撤職案件原因統計

三十五年度

區分		不守紀律	擅離職守	怠忽職守	營私舞弊	臨陣不前
陸軍	機關		2	5		
	部隊	101	89	47	19	5
	學校	2				
海軍	機關	1	1			
	部隊					
	學校					
空軍	機關			2		
	部隊	7	8			
	學校					
聯勤	機關		2			
	部隊	13	2		7	
	學校	2	3			
總計		126	107	54	26	5

區分		經理不清	捐款潛逃	作戰不力	逾假不歸	畏罪潛逃
陸軍	機關					
	部隊	12	7	17	46	147
	學校				3	7
海軍	機關				1	
	部隊					
	學校					
空軍	機關					
	部隊					9
	學校					
聯勤	機關	2	5			
	部隊				2	2
	學校				5	2
總計		14	12	17	57	167

區分		工作不力	能力薄弱	品行不端	案由不明	總計
陸軍	機關					7
	部隊	7	7	31	35	570
	學校				5	17
海軍	機關					3
	部隊					
	學校					
空軍	機關			2		4
	部隊					24
	學校					
聯勤	機關				5	14
	部隊	5		5	2	38
	學校					12
總計		12	7	38	47	689

資料來源：本表取樣十一月份登記科人事異動摘錄單統計。
附註：凡文字不同而性質相同之原因均用通俗語句併列之。

附表五四　國防部副官處承辦撤緝案件原因統計

三十五年度

區分		棄職潛逃	拐款潛逃	臨陣潛逃	藉故潛逃	久假不歸	總計
陸軍	機關	2					2
	部隊	107	19	5	423	27	581
	學校						
海軍	機關						
	部隊						
	學校						
空軍	機關						
	部隊						
	學校						
聯勤	機關				2		2
	部隊	7			7	2	16
	學校						
總計		116	19	5	432	29	601

資料來源：本表取樣十一月份登記科人事異動摘錄單統計。
附註：凡文字不同而性質相同之原因均用通俗語句併列之。

附表五五　國防部副官處承辦軍官佐儲備概況

三十五年度

區分	參謀長	政工主官	機關科長
人數	50	43	20

團（副）長				
區分	步兵	騎兵	砲兵	工兵
人數	30	50	20	29
區分	輜重兵	通信兵	戰車兵	小計
人數	35	10	10	46

營長					總計
區分	輜重兵	通信兵	戰車兵	小計	
人數	30	10	5	45	322

資料來源：依據本處軍官組第一科十二月份工作報告統計。

附表五六　國防部副官處處理無職人員統計

三十五年度

區分	核准送訓	不予送訓	移中訓團核辦	總計
九月				
十月	29	229	1,553（案）	
十一月	43	140	2,817	3,000
十二月	38	2,073	2,804	4,915
總計	110	2,422		

資料來源：依據本處軍官組第九科工作月報表統計。

附註：本表單位為一人，但十月份移中訓團核辦者係 1,553 案，未能列入，故總計缺。

附表五七　國防部副官處承辦軍用文職人員登記分月統計

三十五年度

區分		核轉登記				
		軍文	軍法	監獄員	技術員	合計
九月	簡任	28				28
	薦任	106				106
	委任	240				240
十月	簡任					34
	薦任	62				62
	委任	201	13			214
十一月	簡任	24			3	27
	薦任	74		1	18	93
	委任	150		2	75	227
十二月	簡任		2			42
	薦任	72	15			87
	委任	175	30		41	246
總計	簡任	126	2		3	131
	薦任	314	15	1	18	348
	委任	766	43	2	116	927

區分		不予登記				
		軍文	軍法	監獄員	技術員	合計
九月	簡任					
	薦任	18				18
	委任	176				176
十月	簡任	29				29
	薦任	71	2			73
	委任	346	2			348
十一月	簡任	23	1			24
	薦任	108	13	5		126
	委任	338	14			352
十二月	簡任	12				12
	薦任	38	29		18	85
	委任	99	43		19	161
總計	簡任	64	1			65
	薦任	235	44	5	18	302
	委任	959	59		19	1,037

資料來源：依據本處軍屬人事組第三科工作月報統計。
附註：九月份數字含前銓敘廳移來五月至八月份積案。

附表五八　國防部副官處承辦軍用文職人員登記分階統計

三十五年度

區分		核轉登記				
		軍文	軍法	監獄員	技術員	合計
簡任	軍簡一階	5				5
	軍簡二階	62	2		3	67
	軍簡三階	59				59
薦任	軍薦一階	214	15	1	10	240
	軍薦二階	100			8	108
委任	軍委一階	453	34	2	80	569
	軍委二階	209	9		33	251
	軍委三階	104			3	107
總計		1,206	60	3	137	1,406

區分		不予登記				
		軍文	軍法	監獄員	技術員	合計
簡任	軍簡一階	13				13
	軍簡二階	44				44
	軍簡三階	7	1			8
薦任	軍薦一階	210	44	5	18	277
	軍薦二階	25				25
委任	軍委一階	781	54		19	854
	軍委二階	125	2			127
	軍委三階	53	3			56
總計		1,258	104	5	37	1,404

資料來源：依據本處軍屬人事組第三科工作月報統計。

附表五九　全國官兵勛獎分月統計

三十五年度

區分	勛章	獎章					
		華冑榮譽	海陸空軍	光華	干城	忠貞	績學
九月							
十月		14	29	5		39	
十一月			126	73	130	4	
十二月		84	82	98			9
總計		88	237	176	130	43	9

區分	記大功	記功	獎金	嘉獎	撤銷處分	總計
九月	3	16		7		26
十月	28	80	20	127	22	354
十一月	68	37	17	55	19	529
十二月	95	205	135	216	18	772
總計	194	338	172	235	59	1,681

資料來源：依據本處考核組第二科工作月報統計。

附表六〇　全國官兵勛獎分階統計

三十五年度

區分		勛章	獎章					
			華冑榮譽	海陸空軍	光華	干城	忠貞	績學
官佐	中將／總監／簡一		1	1	1			
	少將／監／簡二			7	5	1	2	2
	上校／一正／簡三		24	27	15	5		3
	中校／二正／薦一		25	35	22	6		
	少校／三正／薦二		11	41	24	18	2	
	上尉／一佐／委一		24	64	49	14	1	
	中尉／二佐／委二			35	8	36	3	
	少尉／三佐／委三		1	17	29	32	1	
	准尉／准佐／委四		2	10	22	9		4
士兵					1	6	34	
總計			88	237	176	130	43	9

區分		記大功	記功	獎金	嘉獎	撤銷處分	總計
官佐	中將／總監／簡一		2				5
	少將／監／簡二			3	3	1	24
	上校／一正／簡三	5	13	14	42	9	157
	中校／二正／薦一	5	13	3	23	5	137
	少校／三正／薦二	14	47	31	18	24	230
	上尉／一佐／委一	35	65	31	46	11	340
	中尉／二佐／委二	29	56	29	50	3	252
	少尉／三佐／委三	28	46	18	22	4	198
	准尉／准佐／委四	20	15	15	7	2	106
士兵		58	81	28	24		232
總計		194	338	172	235	59	1,681

資料來源：係依據考核組第二科工作月報統計。

附表六一　全國官兵懲罰分月統計

三十五年度

區分	撤緝	撤辦	撤查	撤職	停訊
九月	21	1		76	
十月	300	3	4	235	1
十一月	212	2		103	
十二月	280		3	171	3
總計	813	6	7	525	4

區分	停職	降級	記大過	記過	罰薪
九月			20	5	
十月	2	1	66	67	
十一月			30	63	1
十二月			74	158	18
總計	2	1	190	293	19

區分	申斥	檢束	開除軍籍	判徒刑	總計
九月	13				76
十月	49	4	1		733
十一月	25			25	416
十二月	121				828
總計	208	4	1	25	2,098

資料來源：依據本處考核組第二科工作月報統計。

附表六二　全國官兵懲罰分階統計

三十五年度

區分		撤組	撤辦	撤查	撤職	停訊
官佐	中將／總監／簡一					
官佐	少將／監／簡二					
官佐	上校／一正／簡三	9	2	1	27	
官佐	中校／二正／薦一	16			19	3
官佐	少校／三正／薦二	49			37	
官佐	上尉／一佐／委一	133	2		123	
官佐	中尉／二佐／委二	220			145	
官佐	少尉／三佐／委三	151			70	
官佐	准尉／准佐／委四	188			65	
未詳		47	2	6	39	1
總計		813	6	7	525	4

區分		停職	降級	記大過	記過	罰薪
官佐	中將／總監／簡一			3	1	
官佐	少將／監／簡二			4		
官佐	上校／一正／簡三			11	13	2
官佐	中校／二正／薦一			17	21	9
官佐	少校／三正／薦二		1	28	31	8
官佐	上尉／一佐／委一	1		50	57	
官佐	中尉／二佐／委二			22	51	
官佐	少尉／三佐／委三			14	42	
官佐	准尉／准佐／委四			11	35	
未詳		1		30	37	
總計		2	1	190	293	19

區分		申斥	檢束	開除軍籍	判徒刑	總計
官佐	中將／總監／簡一					4
官佐	少將／監／簡二					4
官佐	上校／一正／簡三	13			3	86
官佐	中校／二正／薦一	16			4	105
官佐	少校／三正／薦二	26			7	187
官佐	上尉／一佐／委一	25	2		6	427
官佐	中尉／二佐／委二	52	2	1	4	497
官佐	少尉／三佐／委三	14			1	292
官佐	准尉／准佐／委四	6				305
未詳		29				191
總計		208	4	1	25	2,098

資料來源：係依據本處考核組第二科工作月報統計。

附表六三　國防部副官處登記業務概況

三十五年度

區分	整理籍錄		集編詳歷	
	任官冊及官號冊（冊）	各軍校同學錄（本）	編併接收各單位詳歷（份）	蒐集現職人員詳歷（張）
九月			45,000	
十月	411		45,000	100,000
十一月		285	45,000	110,000
十二月			45,000	100,000
總計	411	285	180,000	310,000

區分	登記動態		調出詳歷（份）	查簽案件（件）
	摘錄異動單（人）	登註詳歷（人）		
九月				
十月			1,253	
十一月	5,500		1,564	161
十二月	8,790	550	1,716	404
總計	14,290	550	4,533	565

資料來源：依據本處登記科工作月報統計。

附表六四　國防部副官處現有詳歷概數

三十五年度

區分	份數
軍政部移交	150,000
銓敘廳移交	1,300,000
軍令部移交	3,500
軍訓部移交	16,000
政治部移交	150,000
集中各科現有詳歷	410,000
抽存新進人員詳歷	12,000
總計	2,041,500

資料來源：依據本處登記科工作年報統計。

附註：表列數字，為本處現有詳歷份數，每人有一至三份不等，非現有人數。

第二節　文電

第一款　文書與檔案

副官處主管部份之文書業務，自本年度八月份開始辦公以來，除總收文及監印刷本部全般業務之一部外，其餘總發文、繕校、中心檔案等業務之處理，僅及於總長辦公室及本處，故文書部門尚未能達到處理全部業務之理想。

副官處為亟謀文書處理制度化，特組設文書處理研討委員會，以策劃完善之文書處理制度，藉以配合新興業務之開展，惟以時間短促，截至十二月底止，是項工作，僅完成各種重要處理程序之原則，而具體辦法，尚有待卅六年度之繼續完成。

中心檔案之管理為副官處新興業務之一，因接收與整理之時間尚暫，全部工作，未能開展，本年度九月份接收各單位移交之檔案，即予分別整理，並配合其他業務進行之需要，於整理時間同時辦理檔案調閱事宜。

第二款　電務

副官處電務組，自改組成立，即配屬總長辦公室辦公處理全般電務。

第三節　編印

副官處編印之職掌，為辦理有關刊物稿件之蒐集編印事宜，自成立後，即辦理各配印製廠之接收改編，因受人力物力及時間之限制，關於編審業務方面，僅完成各項專題報導卅五種，印製方面，僅完成印製廠初步之設備，及部份印刷品之承印，其編審印製業務概況如附表六五—六六。

附表六五　國防部印製廠設備概況

三十五年度

接收單位名稱	印刷機						
	全開	對開	四開	六開	元盤	石印	劃線
軍政部印刷所		2	3	1	6	7	1
新聞局印刷所		3	1	1	2		
第二廳印刷所	2	1	3		2		
總計	2	6	7	2	10	7	1

接收單位名稱	切紙機		鑄字機		訂書機	鉛字
	人力	電力	人力	電力		
軍政部印刷所	3		6			
新聞局印刷所					1	
第二廳印刷所		1			1	
總計	3	1	6		2	40,000

資料來源：依據本處編印組工作報告統計。
附註：國防部印製廠機器工具以軍政部印刷所為基礎。

附表六六　國防部印製廠承印物品分月統計

三十五年度

區分	各種表報（張）	各種簿冊（本）	各種封套卷夾（個）
九月	547,355	6,718	36,300
十月	506,952	35,281	49,520
十一月	943,950	17,232	67,466
十二月	636,150	27,003	42,653
總計	2,634,407	96,234	195,939

第四節　軍郵

我國軍郵設置，為抗戰時期之臨時措施，自勝利復員後，除東北方面因情形特殊，其配屬各部隊之舊有軍郵機構，暫予保留外，其餘各地區之軍郵機構，隨整軍方案實施之進展，均予裁撤，截至本年度十二月底止，現有軍郵設置概況，及各軍郵主官駐地如附表六七—六八。

附表六七　國防部副官處軍郵局設置概況

三十五年度

區分		江蘇郵區	軍郵視察段			總計
			遼寧	吉林	錦州	
九月	軍郵局	1	8	7	2	18
	派出所		1			1
十月	軍郵局	1	8	8	2	19
	派出所		1			1
十一月	軍郵局	1	8	8	2	19
	派出所		1			1
十二月	軍郵局	1	8	8	2	19
	派出所		1			1

資料來源：依據本處軍郵科工作月報編製。
附註：其他各區因交通部郵局已恢復，故無軍郵局設置。

附表六八　國防部副官處軍郵局主官人數駐地表

三十五年度

主管段別	遼寧軍郵局視察段				
番號	視察	一四四	一四〇	二九五	三二六
主官姓名	刑郁文	劉遠練	林國衡	載志深	劉敏學
定員	4	3	3	3	3
現員	3	2	2	3	2
附員					
駐地	瀋陽	安東	海城	通化	安東
配屬部隊	第五二軍	第五二軍	第一四師	第一九五師	第二師

主管段別	遼寧軍郵局視察段				
番號	四六一	三三一	三三四	派出所一	五〇四
主官姓名	載樹	安容思	劉壽昌	王雲鵬	孫福慶
定員	3	3	4	2	3
現員	2	2	3	1	3
附員					
駐地	安東	海龍	瀋陽	瀋陽	鞍山
配屬部隊	第二五師	新編第二二師	東北保安司令部	軍官集訓總隊	新編第六軍

主管段別	吉林軍郵局視察段				
番號	視察	三二五	三四五	三二九	五〇三
主官姓名	陳光昭	劉紹勞	黃維熊	趙傳卿	顏範成
定員	4	3	3	3	3
現員	1	2	2	2	2
附員	3	1			
駐地	長春	吉林虎巴屯	長春	德惠	海龍
配屬部隊		新編第三八師	新編第一軍	第五〇師	新編第三〇師

主管段別	吉林軍郵局視察段			
番號	三八五	三五三	三八六	三八二
主官姓名	普聖安	朱文麟	陳寶和	陳光昭
定員	3	3	3	3
現員	2	2	1	1
附員			1	
駐地	四平	遼源	通遼	長春
配屬部隊	第七一軍	第八八師	第八七師	從地

主管段別	錦州軍郵局視察段			江蘇郵區
番號	視察	三八一	三八四	三六四
主官姓名	王文範	劉慶吉	白世英	尹煥章
定員	4	3	3	3
現員	1	2	2	3
附員		1	2	3
駐地	錦州	承德	錦州	東台
配屬部隊		第一三軍	從地	第六七師

資料來源：依據本處軍郵科工作月報編製。
附註：1. 本表調製時間截至十二月底。
2. 軍郵人員統計：定員 72、現員 46、附員 11。

第十八章　青年軍復員管理處

第一節　軍事教育

第一款　集訓

溯自民國十七年五月，全國中等以上學校普遍實施軍事訓練以還，迄今已有八年，國民軍事教育，已具良好之基礎，以往辦理學校軍訓方針欠明，並限於環境上之種種關係，與夫設備條件之困乏，未能配合軍事之要求，達成理想之效果，引為悵惜。迄三十四年，主席號召青年從軍運動，一時風起雲湧，蔚為大觀，而預備幹部制度之建立，實肇基於此。三十五年一月十七日國民政府軍孝字第二九七號代電指示：（一）陸軍預備幹部訓練，自三十五年度開始實施，以青年遠征軍之各師為基礎，改為陸軍幹訓師，辦理高中畢業學生入伍及陸軍預備幹部教育。（二）專科以上學生之分科集訓或實習期間，改為六個月。（三）大學畢業學生集訓，從三十年度暑期開始，當時由前軍訓部、軍政部及青年軍編練總監部負責會同策劃，軍委會改組，成立本部，是項業務由管訓處接辦。（高中學生集調沿革如附表六九）

（一）預備幹部基本法之修訂

建立預備幹部制度，乃係建立新軍之大計，故立法自應力求完善，特將前軍訓部、軍政部、教育部會擬之陸軍預備幹部組織訓練管理服役實施方案詳密研討（原為預備幹部制度之基本法），似未合乎時代之要求，爰召集本部各單位及教育部等有關人員，於十月十四日會商修改，定名為「預備幹部徵集訓練管理法」，其修改原則如左：

1. 預備幹部之養成，應使陸海空軍及聯勤一元化。
2. 將初中學生未得升學者，予以集訓，養成為預備軍士，以增進國軍軍士之質量與數量。
3. 釐定徵集程序，以便實施。

本辦法，經會同教育部、內政部簽呈主席核示，一待奉准，即當頒佈實施（預備幹部徵集訓練管理辦法、陸軍預備幹部組織訓練管理服役實施方案及修改對照說明表如附法二五、二六、附計十）

（二）高中畢業生集中受預備幹部訓練之籌劃

1. 各幹訓師編制之調整

三十六年高中畢業學生據教育部統計至少有十萬餘人，而準備辦理訓練之幹部師，僅有六個，每師依照編制可能收訓一萬人，以六個師計，共可收訓六萬人，其餘四萬餘人之數，則不得不增加編制同時予以訓練，以事收容，嗣復由本處擬定：(1) 師內各連增加一個排，(2) 另增十個團（增排增團辦法如附計十一）等兩種方案以圖補救。

2. 各幹訓師駐地之確定

根據學校分佈情形及交通，與各地營房之現況，管訓處對各幹訓師按其原建制部隊及增加團後之駐地，均予以規劃調整（駐地附圖八）並呈奉主席核准施行。

3. 各幹訓師營房營具之規劃與籌建購置

各地營房多已倒塌，殘缺不堪駐用，而營具一項，以各師參戰調防關係，亦多缺乏，為建立良好之教育環境，俾訓練工作順利推行計，本部對各幹訓師營房營具之籌建與規劃，曾有積極之準備，並已聯合各有關單位組成營房營具修建購置委員會，開始籌劃一切，迄今各師營房，已有定處，並正積極修繕，至營具之購置亦有初步之完成。

4. 全國學生集訓徵訓區域之劃分

依全國學校分佈情形及交通狀況，與各地風俗等，將全國劃分為六個區域，每區配駐一個幹部師，辦理徵集訓練等事務，並已奉主席十一月十八日侍地字第一〇八〇五號代電核准。（徵集區劃分如附計十一）

5. 高中學生集訓徵集辦法之擬訂

該辦法為辦理徵集之實行法，牽涉範圍甚廣，必須考慮周詳，縝密籌劃，始克順利實施，該辦法草案早經擬就，刻正與有關各部研究會簽中。

6. 高中生集訓教育綱領

集訓之成敗繫於教育之良窳，且教育期間，僅為一年，欲求造成一優良之預備軍官，則該項教育計劃，自應精密完備，茲初稿早經完成，為求慎重其事計，正在複審中。

7. 集訓教材之編纂

以遵照主席之手令，對於各種學科之分配與夫教材之編纂，自應分別輕重適應配合時間之需要，重新予以編纂，此項工作現積極著手推進中。

第二款　招訓

勝利以還，以共黨擾亂，社會不寧，各地失業失學之青年流離顛沛，無所適從，前軍政部曾奉委座三十五年五月十九日機祕甲字第九五〇七號及三十五年五月二十日機祕甲字第九五一六號手令，為預備幹部之訓練，延期一年召訓，並於北平、西安各組織一個招收東北、華北來歸之青年予以訓練，將二〇六師移駐西安收訓，以二〇二師駐徐州，分別收訓山東、蘇北之青年，駐北平之二〇八師，專收東北青年，此為各師招收匪區流亡及各地失學失業青年之概況。

（一）招訓辦法之擬頒

遵照主席手令之指示，釐定流亡及失學失業青年招訓辦法，即令各師遵照實施。（附法二七、二八）

（二）招訓經過

招訓工作，本部接辦後，即督導濟南、青島、鄭州、徐州、揚州、泰縣、南通、鎮江等地之八個集訓大隊收容當地匪區流亡及失學失業之青年，收容後，即分別撥交二〇二、二〇六、二〇八等師訓練，各集訓大隊於九月間奉令結束，乃由二〇二、二〇六、二〇七、二〇八各師分別在蘇、魯、豫、冀、東北等地直接設站招收，嗣奉主席卅五年九月二十一日機祕甲字第九九〇〇號手令，為各地失學失業青年人數眾多，尤以四川、廣東為甚，特飭以青年軍所改組之六個幹訓師先行招訓，並擬具辦法呈核，經與朱部長會簽奉准，除以二〇三師、二〇五師於川、湘、粵等地暫行局部收容外，其他四個師，各以一個團分別收容各該駐地附近失學青年，關於招收訓練青年工作問題，與各機關牽涉較大，且以分業訓練與出路問題，必須妥為計劃，故一切詳細辦法，尚待與各有關機關研討再行呈核，以便實施。十二月上旬，奉主席十二月六日機祕甲字第一〇〇四四號手令，飭青年軍各師繼續招收青年，並限於三十 六年一月底補足所有缺額。除分電各師加緊招收，並分別電請各有關機關予以協助，為恐萬一不能如期招足，所有缺額，曾令兵役局預為準備六個團之徵集兵役以備補充，截至十一月底止，各師直接招收者及由各集訓大隊接收者共計已有二五、三六六名。

（三）教育情形

各師招收匪區流亡及失學失業青年之教育，因其入伍時間先後不一，且各師防務及駐地時有變更，初期教育，未能統一計劃，十一月初，曾擬訂三個月之新兵教育計劃，頒發各師，遵照實施，俟新兵教育完成後，擬繼續施以三個月至六個月之軍士及其他專業教育，該項計劃及辦法正會商有關機關研討中，十二月中旬，奉主席十二月十二日批示，將六個幹訓師皆列入總預備隊，並預定明年五月以前可以作戰，至明年召集中學以上學生為預備幹部訓練計劃，可改展至三十七年實施。（教育計劃附計十二）

（四）營房營具

各幹訓師，自去年七月復員後，繼續招收流亡及失學失業青年，其程度較高者，應有完整營舍，嚴加訓練，俾能達成預期教育。目前營舍方面，均係暫住民房，營具迄付缺如，經與各有關單位成立一營房營具修建購置委員會，負責規劃。

（五）武器彈藥

各師在五月以前必須完成戰鬥準備，故關於武器彈藥曾令聯勤總部於三十六年一月底以前按照編制補足所有缺少之械彈。

（六）工兵器材

目前各幹訓師正加緊訓練特種業務，所有教育器材務須充實，方可適時應用，曾經令聯勤總部早日發給各師應用。

（七）收訓青年結業後安置辦法

為使收訓之青年結業後，各有歸宿，各盡所長，俾便增加生產，安定社會，曾擬安置辦法，以備頒發各師遵照實施。（附法二九）

第三款　校訓

軍訓業務，概照以前軍訓部成規辦理，儘可能求其改進，計受訓時間高中及同等學校學生於第一至第三學年行之，每週三小時，共計三百二十四小時，術科約佔百分之六十五，學科約佔百分之三十五；師範生於第一至第二學年行之，每週四小時，共計二百八十八小時，於第一學年術科約佔百分之七十五，學科約佔百分之二十五，第二學年學、術科約各佔百分之五十；簡師生於第四學年行之，每週四小時，共計一百四十四小時，術科約佔百之七十五，學科約佔百分之二十五，所有軍訓課目，概係照前軍訓部頒發實施，現已重訂軍訓計劃正呈核中。

（一）實施學校軍訓省市學校及人數

現施行學校軍訓省份、學校人數，計有川、康、滇、桂、黔、粵、贛、湘、鄂、閩、皖、浙、豫、陝、甘、青等十六省，軍訓學校，共八三八所，軍訓幹部一、一三五員，軍訓學生共計一八一、四一三名。（附表七〇、七一、七二）計由川復員至京滬學校軍訓六所，再山西、河北、北平、青島等省市已自行派員實施。

（二）軍訓幹部之考核

查軍訓幹部人事，過去雖由前軍訓幹部派出，但多數係由各軍區遴選報部轉請核委，其任用原則，以受軍事養成教育出身曾任隊職者為標準，其中良莠不齊，亦所難免，現有軍訓幹部經本部嚴加考核，以為準備將來學校軍訓停辦後安置之準繩，各軍訓幹部仍有不少係訓練總監部時期派出者，雖抗戰時期，茹苦含辛，始終盡忠職守，貫澈任務，現軍訓行將結束，軍訓幹部自應妥為安置，經已商請有關機關研究中。

（三）軍訓視察

學校軍訓工作，遍佈全國，為求其確能收獲軍訓效果計，除請軍管區經常派員視察外，並由本部經常派員視察，實地督導其軍事管理訓練人事經理及學生動態等。

（四）軍訓械彈

各軍訓學校教育槍支，多付缺如，故教練多徒手實施，經已擬就之軍訓整理方案中，規劃在省會之學校由軍管區撥出若干槍支輪流使用，在各縣之學校由師團管區或縣府臨時借出使用。彈藥之補給，亦經規定各學期由學校估計需要目錄，報軍區彙轉核發。

（五）軍訓圖書器材

軍訓幹部用書，刻正在選擇必要書籍，擬編預算，報請撥款購買中，軍事應用之工作器具，如圓鍬、十字鎬，各校多屬缺乏，關於築城作業課目之實施，已指示變通運用，多作示範見學，各種教育模型及圖表等，過去學校多有此設備，因抗戰關係學校輾轉遷移頗多損失，若全部補充，財力固感困難，為求訓練獲得預定效果，似應充實最低限度之設備。

（六）軍訓證書

凡曾受軍訓之學生成績及格者，均發給軍訓及格證書，因抗戰期間後方交通困難，致三十四年度之及格證書有積至現在方行請領者，茲經核發者，計七四六件，經核辦中者計八、四四九件。

第四款　軍籍管理

知識青年之從軍，實為劃時代之創舉，而預備幹部制度之建立，尤係兵役史上之初例，關於預備幹部之軍籍管理，無論管訓素無成則可沿，故必須規劃週詳，連繫有方，使數萬幹部平時組訓嚴密，戰時方能動員迅速。

（一）辦理經過

是項業務，經搜集有關資料，先後擬訂⑴預備幹部軍籍管理方案草案，⑵預備幹部離營後組織規程，⑶預備幹部編組管理通訊辦法草案，⑷預備幹部證書頒發辦法，⑸預管處與兵役局、青年團工作聯繫暫行辦法等案。因須再作詳密之研究，故尚未實施。

附表六九　高中集訓沿革概要表

民國三十五年十月

時期	奉准年月	要旨	訓練單位	駐地	備考
創辦時期	民十七年五月，國府召開全國教育會議於首都，經大會一致議決	一、軍委會提議全國中等以上學校應實施軍事訓練。 二、復由前軍委會會同前行政院，訂定高中以上學校軍事教育方案、軍事教官服務條例及規定軍事各項重要課目表，由行政院通令遵行。	由全國高中以上學校，增設軍事訓練課程	全國高中以上學校	
	民二十三年八月，國府頒佈修正高中以上學校軍事教育方案	一、規定男生受軍訓練。 二、規定女生受看護訓練。 三、訓練期間（二－三個月）。 四、畢業文憑，須於集訓成績及格後，方始發給。	一、在校訓練 二、各省市成立集中訓練總隊	全國各省市	
停滯時期	一、二十六年冬抗戰開始後	抗倭戰事發生後，政府內遷，因經費支拙，大規模之集中訓練，逐漸停止。	由各校自行軍訓	全國各中大學校	
	二、二十九年冬，軍訓部頒佈預備軍士及備役候補軍官佐教育計劃	規定教育行政人事經費等，仍照二十三年公佈之方案實施。	由各學校軍訓教官訓練	全國各中大學校	因經費限制未奉批准
	三、三十一年軍訓部會同教育部，即以中央有關各部會商修正高中以上學校學生軍事教育方案	擬在各校成立軍事訓練總隊，擴充教育設備，充實軍訓內容，並確定軍訓人事銓衡制度。			
	四、三十二年八月軍委會敬午機筑電令（軍訓、教育兩部）	以後各大學校與專門學校等，皆應增設軍事一課，可於初入大學半年內，即自下學期起實施為要。	由各學校軍訓教官訓練	全國各中大學校	

時期	奉准年月	要旨	訓練單位	駐地	備考
改進時期	三十四年十一月軍委會機祕（甲）字第 9026 號手令	今後學生軍訓制度，應與國民兵役制度配合實施。			
	三十五年一月十七日國民政府軍赤字第 297 號代電	關於大中學生軍訓，應仍以青年遠征軍各師為基底，每年輪流集訓，令軍訓、軍政兩部會同擬具實施辦法。			
	三十五年一月十七日國民政府軍孝字第 297 號代電	一、陸軍預備幹部訓練，自三十五年度開始實施，以青年遠征軍之各師為基底，改為陸軍幹訓師辦理高中畢業學生入伍及陸軍預備幹部教育。 二、專科以上學生之分科集訓或實習期間，改為六個月。 三、大學畢業學生集訓，從三十九年度暑期實施。	由青年軍師改為八個師 另指定普通七個改為幹訓師 全國共設一五個師	鎮江 漢口 桂林 瀋陽（暫設天津） 杭州 長沙 開封 成都 西安 濟南 廣州 璧山 北平 昆明 南昌	
	三十五年五月八日奉國民政府軍孝字第二五三號核准	以青年軍為基底之九個幹訓師，應改稱為陸軍預備幹部第一－九集訓處，每處約一萬二千人，其他從略。	由青年軍為基底之九個幹訓師改為九個陸軍預備幹部集訓處	無明文規定	
	本案係本處自行擬訂者，俟奉准後頒佈施行	將青年軍改成六個師，劃分六個集訓區，招集全國高中畢業學生入營，施以一年之嚴格軍事訓練，俾作國軍預備幹部之用。	將青年軍九個師整編為六個師如左： 二〇二師 二〇三師 二〇五師 二〇六師 二〇七師 二〇八師	重慶 杭州 瀋陽 洛陽 北平 衡陽	

附記

一、本表係根據國民政府頒發前軍訓、軍政、教育各部有關高中集訓電令所調製者。

附法二五　預備幹部徵集訓練管理辦法

第一章　總則

第一條　為適應國防之需要，培養預備幹部，以供戰時之用，特訂定本辦法。

第二條　本辦法依據兵役法第二十四條第三項訂定之。

第三條　預備幹部區分為陸海空軍及聯勤之預備軍官、預備軍佐、預備軍士。

第四條　高中及其同等學校肄業期滿之男生，應受預備幹部之教育，其徵集、訓練、管理，悉依本辦法之規定，關於專科以上學校及僑居國外之學生，其徵訓辦法另訂之。

第五條　高中以上學校之女生，得依其志願，平時施以軍事輔助及勤務教育，其辦法另訂之。

第六條　凡初中及同等學校畢業，未得升學者，及其適齡中籤服兵役時，於常備師或師管區，除先以一年之初年兵教育外，並特別集中而行一年軍士之教育（合為現役二年），經考試及格者，為預備軍士（高中及同等學校肄業未滿者同）。

第二章　執掌

第七條　國防部為推行全國預備幹部行政（徵集訓練管理）主管機關，教育部、內政部為協管機關，及其他有關各部會署事項，由關係各部會署同辦理之。

第八條　為執行徵訓事務，以中等以上學校學生人數為主要標準，劃分全國為若干徵訓區，分別設置預備幹部訓練機構，直隸於國防部，辦理各該區之預備幹部徵訓及其他有關事項。

第九條　各省市主席（市長）受國防部長、參謀總長、教育部長、內政部長之指導，並預備幹部訓練機構之協助，辦理徵訓及其他有關事項。

第三章　徵集程序

第十條　高中及其同等學校之男生，屆畢業之年，應受左列處理，由各預備幹部訓練機構會同各級學辦理之。

（一）學生調查。

（二）體格檢查。

（三）徵集。

第十一條　學生調查，以學校為單位，每年二月或九月舉行，由學校辦理，造具名簿呈各省（市）教育廳（局）轉該區之預備幹部徵訓機構。

第十二條　體格檢查每年三月至四月，或十至十一月，由各省徵集委員會會同預備訓練機構及地方衛生機關舉行。

第十三條　徵集以每年九月一日為入營期，以學校為單位，編成一隊，省（市）編成一總隊入營受訓。

第十四條　應徵學生有左列情形之一者，准予緩徵（緩徵以一年為限）。

（一）身體患重病。

（二）獨子在入營時，適逢父母喪者。

第十五條　應徵學生有左列之一者准予免徵。

（一）經考入海陸空及聯勤各學校受訓者。

（二）合於兵役法第四條之規定者。

第四章　訓練

第十六條　預備幹部之訓練班分左列三種。

（一）高中及其他同等學校學生，修業期滿後，以省區或數個省區為單位集中訓練一年，授以新兵軍士及軍官之教育，期滿考試成績及格者，任為兵科或業科少尉，編入預備軍官佐籍（海空軍另訂之），不及格者為預備軍士。

（二）專科以上學校學生，於畢業之學期，自六月一日起，就陸海空軍及聯勤之兵科或業科之學校部隊等，分別集中訓練，或實習三或六個月，期滿成績及格者，在陸軍晉升為兵科或業科中尉（海空軍之晉級另訂之），編入預備軍官佐籍，各指定擔任集訓之學校部隊等，應分別設各兵科或業科預備幹部訓練班。

（三）初中畢業學生，未得升學及其齡中籤者之預備軍士訓練，除依照第五條規定外，其訓練辦法另訂之。

第十七條　各級預備幹部訓練機構之組織條例及編制另訂之。

第十八條　預備幹部集中訓練之教育計劃另訂之。

第十九條　預備幹部集中訓練所需之經費、被服、裝具、營舍設備、教育器材、槍械彈藥等由國防部統籌撥發。

第二十條　各級預備徵訓機構各級官佐之訓練辦法另訂之。

第廿一條　預備幹部平時之輔助訓練，除辦理定期之訓練召集外，並得發行刊物，實施函授教育，及倡辦技術競賽會、座談會等，以增進預備幹部之學術修養。

第五章　管理

第廿二條　高中以上及其同等學校，應將肄業期滿學生之名簿，於該學期開學後一個月內，由各省（市）層報教育機關及國防部，發交預備幹部徵訓機構備查。

第廿三條　各預備幹部徵訓機構，及兵科或業科預備幹部訓練班，應將每期受訓期滿預備幹部名簿層報國防部，並分送學生原籍師（團）管區司令部登記。

第廿四條　各級預備幹部之管理，由國防部主管機構依在鄉軍人管理辦法分別編組之。

第廿五條　為使管理確實，動員便利，預備幹部應一律編定官號及列入軍士籍，並發予各軍種預備幹部手諜，編列動員名簿，其辦法另訂之。

第廿六條　預備幹部照兵役法第二十五條之規定受

各種召集。

第廿七條　預備軍官佐，其志願服現役者，應另受軍官養成教育後，始得轉為現役，但得免受入伍教育。

第六章　附則

第廿八條　高中以上及其同等學校學生，非有本條例第十四條及第十五條之原因，不參加集中訓練或實習者，不得畢業，除責令服一般兵役外，並應以逃役論。

第廿九條　本條例自公佈之日施行。

附法二六　預備幹部徵集訓練管理辦法增改條款對照說明表

原條文	修改條文	說明
標題		
陸軍預備幹部組織訓練管理服役實施方案。	預備幹部徵集訓練管理辦法。	預備幹部制度之建立，在應國軍整個之需要，而並不限於陸軍，故將「陸軍」二字刪去，以醒眉目，又原組織二字，含意籠統，不若徵集之明顯，故將「組織」改為「徵集」，且管理並含有組織之意義存焉，至「服役」在兵役法中，已有規定，本辦法無特別規定之必要，故刪去，又「實施方案」四字，在立法上無此名稱，故改「辦法」二字。
第一章　總則		
第一條： 為培養陸軍預備幹部，以備戰時補充之用，特訂定本方案。	第一條： 為適應國防上之需要，培養預備幹部，以供戰時之用，特訂本辦法。	國防部之設立，在使陸海空軍一元化，為使陸海空軍及聯勤之預備幹部，均能融通使用，而無偏頗之弊，故預備幹部之養成，似不宜分別軍種，以是擬將「陸軍」二字刪去，較為合宜，又預備幹部並非完全為戰時補充之用，故將補充二字刪去。
原無	第二條： 本辦法根據兵役法第二十四條第二項訂定之。	預管幹部之徵訓管理，其根本原則，均以兵役法為依據，且為使將來立法手續簡便，故增列本條。
第二條： 預備幹部區分為預備軍官、預備軍佐、預備軍士。	第三條： 預備幹部，區分為陸海空軍及聯勤之預備軍官、預備軍佐、預備軍士。	無論陸海空軍及聯勤初級幹部，其最初基本教育，並無不同，故其基本訓練，可一併實施，然後再予以區分，既節省人力、財力，且可打破軍種之界限。
第三條： 高中以上學校之男生，應受陸軍預備幹部之教育，其訓練管理服役悉依本方案之規定。	第四條： 高中及其同等學校肄業期滿之男生，應受預備幹部之教育，其徵集訓練管理，悉依本條例之規定。關於專科以上學校及僑居國外之學生，其徵訓辦法另訂之。	一、僑居國外之學生，同為國民一份子，不能因在外國而不服兵役，為符合平等原則，應一律受預備幹部訓練，原方案未將僑居國外之學生列入，易引起誤解，故必須增列。 二、專科以上學校及僑居國外學生，因情形特殊，其徵訓辦法必須另定。
第四條： 高中以上學校之女生，於必要時，得服軍事補助勤務，其辦法另訂之。	第五條： 高中以上學校之女生，得依其志願，平時施以軍事補助勤務教育，其辦法另訂之。	兵役法上，女子無服兵役之義務，惟各國在此次大戰中，動員大量婦女服軍事輔助勤務，有驚人之成績，故在平時最好能予以相當教育，以為戰時之用，原條文「必要時」意義不明確，改為依其志願較恰當也。

原條文	修改條文	說明
無	第六條： 凡初中及同等學校，未得升學者，及其適齡中籤服兵役時，於常備師或師管區除先以一年之初年兵教育外，並特別集中而行一年軍士之教育（合為現役兩年），經考試及格者，為預備軍士（高中及其同等學校肄業未滿者同）。	一、若以高中及同等學校學生受訓，不及格者充任預備幹部軍士，其比例數目似嫌過少，例如青年軍復員之七萬人中，預備軍官共六萬餘人，而預備軍士僅數千人。 二、軍官與兵之比率為十比一，而軍士與兵之比約為五比一，是以軍士與軍官之比率為其一倍，如以右項比率計，則感軍士之不足。 三、依一般估計，初中畢業學生不能升學者，其數約當三分之二或四分之三，彼輩在百分之八十為農民之我國，無論在社會在軍隊，仍不失為領導者，對此輩優秀青年，若不吸取而使服一般兵役，則軍士之素質勢難提高，且為符合國父所釋「平等」精義上說，亦應有預備軍士之階層，以符合兵役真正平等之原則。
第二章　執掌		
無		預備幹部之制度，在我國尚為初創，對於本制度行政上諸業務，亟宜劃分權責，在實施時，方不致發生抵觸，本章之增列，正如兵役法明白規定執掌劃分權責之意相同。
無	第七條： 國防部為推行全國預備幹部行政（徵集訓練管理）主管機關，教育部、內政部為協管機關，其他有關各部會署事項，由關係各部會署會同辦理之。	一、增列本條之主旨，在確定推行預備幹部行政機關之主從，以明責任。 二、預備幹部制度，係應國軍之需要而建立，故關於預備幹部之行政事務（包括徵集訓練管理諸業務），自應由國防部為其主管機關。 三、預備幹部之來源，係以中學以上學生為對象，在徵集與管理上，必得教育部與內政部之協助，方易實施，故須以教育部及內政部為協管機關，正如兵役法規定國防部為兵役之管理機關，內政部為其協管機關之意相同。
無	第八條： 為執行徵訓事務，以中等以上學校學生人數為主要標準，劃分全國為若干徵訓區，分別設置預備幹部訓練機關，直隸國防部，辦理各該區內預備幹部及其他有關事項。	一、增列本條之主旨，在說明徵訓對象之標準，並訓練機關之隸屬關係與其職掌。 二、徵訓預備幹部之對象，為中等以上學校畢業生，故應以中等以上學校學生人數為標準，方可決定徵訓區及設幹訓機構之數目。

原條文	修改條文	說明
無	第九條： 各省（市）主席（市長）受國防部長、參謀總長、教育部長及內政部長之指導，並預備幹部訓練機構之協助，辦理徵訓及其有關事項。	一、增列本條之意義，在確定地方行政首長，對預備幹部徵集權限與義務。 二、地方行政首長，辦理徵集，必須不背國防上之要求，而執行其職權，故應受國防部部長、參謀總長、教育部長、內政部長之指導，較為合宜，亦如兵役法規定各省（市）主席（長）為徵兵監督意同。
第三章　徵集程序		
無		一、本章之增列，在歸定徵集之程序，以杜流弊。 二、預備幹部之徵集與兵役有關，其徵集程序，如無明文規定，則辦理既無準據，流弊亦易發生。 三、兵役法對服役者之徵集程序規定綦嚴，本章亦準其要領規定之。 四、本制度在初創其間，最大與最初問題為徵集，故須特別律定其程序。
無	第十條： 高中及其同等學校之男生，在畢業之年，應受左列處理，由各預備幹部訓練機構會同各級學校辦理之。 一、學生調查。 二、體格檢查。 三、徵集。	身家調查與體格檢查為徵集之基礎，故必須實施。
無	第十一條： 學生調查以學校為單位，每年二月或九月舉行，由學校辦理之，其名簿呈各省（市）教育廳（局）轉該區之預備幹部徵訓機構。	學生調查以學校為單位，辦理上較方便，又其期間規定每年二月或九月（寒假畢業學生在九月辦理）舉行，在入營之前留相當時間，以便整理。
無	第十二條： 體格檢查，每年三至四月或十至十一月，由各省徵集委員會會同預備幹部訓練機構及地方衛生機關舉行。	體格檢查，對被徵者關係甚重大，須由徵集委員會會同預備幹部訓練機構及地方衛生機關辦理，以杜流弊，檢查期間，規定三至四月及十至十一月辦理（寒假畢業生）舉行，可在入營以前有相當時間以便整理。
無	第十三條： 徵集以每年九月一日為入營期，以學校為單位編成一隊，省（市）編成一總隊入營受訓。	每年以九月一日為入營期，因季節正值秋高氣爽之時，精神易於振作，且學生初入營過緊張軍隊生活，入營期不宜在炎寒之季節，而以氣候適中之秋節為最宜，且可與學校卒業時間相啣接也。

原條文	修改條文	說明
無	第十四條： 應徵學生有左列情形之一者准予緩役（緩役以一年為限）。 （一）身體患重病經檢查不合格者。 （二）獨子入營時適逢父母喪者。	規定緩徵之標準，又因緩徵並非免徵，故須有一定之期限，以免發生逃避之弊。
無	第十五條： 應徵學生有左列情形之一者准予免徵。 （一）經考入陸海空及聯勤各學校受訓者。 （二）合於兵役法第四條之規定者。	一、考入陸海空軍及聯勤各學校受訓，已為職業軍人，故可免徵。 二、兵役法第四條規定身體畸形殘廢痼疾免徵。
第四章　訓練		
第五條： 陸軍預備幹部之訓練分左列二種。 一、高中生及其同等學校學生修業期滿後，以軍區為單位（或數個軍區合併）編組為陸軍預備幹部訓練團，集中訓練一年，區分為三期，每期四個月，授以新兵軍士軍官之教育，成績及格者任為兵科或業科少尉，編入預備軍官，但於軍士教育期滿，甄試不合格者，繼續施以軍士教育四個月，仍為預備軍士。	第十六條： 預備幹部之訓練分左列三種： 一、高中及其他同等學校學生修業期滿後，以省區或數個省區為單位，集中訓練一年，授以新兵軍士軍官之教育，期滿考試成績及格者，任為兵科或業科少尉，編入預備軍官佐籍（海空軍另訂之），不及格為預備軍士。	一、現尚無軍區之設立，以省或數省為單位，由預備幹部訓練機構負責訓練。 二、訓練之分期，以及時間分配，係屬教育計劃範圍，此地可不必規定。 三、訓練期滿，陸軍可授以少尉，惟海空軍之官階較嚴，故須另訂。

原條文	修改條文	說明
二、專科以上學校學生於畢業之學期，自五月一日起，就有關兵科或業科之學校部隊等分別集中訓練，或實習三個月，期滿成績及格者晉升為兵科或業科中尉預備軍官佐。各指定擔任集中訓練之學校部隊等，應分別設立兵科或業科預備幹部訓練班。	二、專科以上學校學生，以畢業之學期，自六月一日起，就陸海空軍及聯勤之兵科或業科之學校部隊等，分別集中訓練，或實習三或六個月，期滿成績及格者，在陸軍晉升為兵科或業科中尉（海空軍之晉級另訂之），編入預備軍官佐籍，各指定擔任集訓之學校部隊等，應分別設各兵科或業科預備幹部訓練班。	實習期限，原定三個月，係教育部所堅持，惟基於軍事上之要求，因現科學進步，兵器愈趨複雜，必須施以長期間之訓練，方可應用純熟，最低須六個月之訓練，故暫作一個有彈性之規定。
無	三、初中畢業學生，未得升學及其齡中籤者之預備軍士訓練，除依照第五條規定外其訓練辦法另訂之。	修正之總則第五條，將初中畢業學生列入，故對其訓練辦法須另定。
第八條： 各級官佐其任免調遣照陸軍人事法規辦理。	刪去。	軍官佐之任免調遣自應照人事法規辦理。
第十三條： ──騎射會──	第二十一條： ──技術競賽會──	現代軍人，不只騎馬射擊，如各種車輛飛機駕駛，船艇游泳滑冰比賽，均與軍事部門有關。
第五章　管理		
第十三條： 高中以上學校應將修業期滿學生之名簿，務須於集中訓練前四個月，層報軍管區司令部，發交陸軍幹部訓練團，及各兵科或業科預備訓練班備查。	第二十二條： 高中以上及其同等學校，應將肄業期滿學生之名簿，於該學期開學後一個月內，由各省（市）層報教育部及國防部，發交預備幹部徵訓機構備查。	一、層報軍管區司令部，改為層報教育部，及分報國防部以資啣接。 二、陸軍預備幹部訓練團，改為預備幹部訓練機構。
第十四條： 各陸軍預備幹部訓練團，及兵科或業科預備幹部訓練班應將每期受訓期滿預備幹部名簿層報中央，並分送學生原籍軍區司令部登記。	第二十三條： 各預備幹部徵訓機構，及兵科或業科預備幹訓練班，應將每期受訓期滿預備幹部名簿層報國防部，並分送學生原籍師（團）管區司令部登記。	「軍管區司令部」，改為「師（團）管區司令部」，因將來永久機構為師（團）管區。

原條文	修改條文	說明
第十五條： 陸軍預備幹部之管理，由團管區依左列三種編組實施之。	第二十四條： 各級預備幹部之管理，由國防部主管機構依在鄉軍人管理辦法按左列三種編組實施。	將團管區改為國防部，以便統一編組管理故也。
第十八條： 陸軍預備幹部平時受左列之召集。 一、訓練召集。 二、動員召集。 各項召集辦法另定之。	第二十六條： 預備幹部按兵役法第二十五條之規定受各種召集。	召集屬於服役範圍，故須遵照兵役法辦理。
第二十條： 陸軍預備軍官佐，依其志願服現役者，應另受軍官養成教育後，始得轉為現役，但得免受入伍教育。	第二十七條： 預備軍官佐其志願服現役者，應另受軍官養成教育後，始得轉為現役，但得免受入伍教育。	由預備役轉為現役時，須立規章，以免紊亂役政，且將陸軍二字刪除，以使各預備軍官均有進入各軍種學校受養成教育之機會。
第四章服役。 第十七條。 第十八條。 第十九條。	 併入第二十六條。 刪去。 併入二十七條。	預備幹部之服役，應完全依照兵役法，由主管兵役機構統籌辦理，本條例無另行規定之必要，故將服役一章刪去。
第六章　附則		
第二十一條： 高中及其同等學校學生，非因身體關係免役或緩役，不參加集中訓練或實習者，不得畢業，並應依兵役法以逃避兵役論。	第三十條： 高中以上及其同等學校學生，非有本條例第十四條、第十五條之原因，凡不參加集中訓練或實習者，不得畢業，除責令服一般兵役外，並應以逃役論。	嚴法在先，在使學生不致規避集訓，且國家愈民主，服役愈應平等，執行愈應嚴格也。
第二十二條： 陸軍預備幹部集中訓練或實習之獎懲，依據陸軍一般之規定辦法。	本條刪去。	軍人之獎懲，自應遵照獎懲條例辦法，無須再敘。
第二十三條： 陸軍預備幹部，除由高中及其同等以上學校學生中養成外，得另訂辦法培養之。	本條刪去。	新辦法已將初中學生列入，故本條可刪去。
第二十四條： 海空軍預備幹部之養成，得依其需要比照本方案實施辦法另訂之。	本條刪去	新辦法係在陸海空軍聯勤一元化之原則下而訂定，故本條刪去。

附計十　陸軍預備幹部組織訓練管理服役實施方案

國民政府三十五年二月十日
府軍孝字第八二二號代電核准
國民政府三十五年五月八日、十二日、十三日
府軍孝字第二五三號、三〇五號、三一〇號代電修正

第一章　總則

第一條　為培育陸軍預備幹部，以備戰時補充之用，特訂定本方案。

第二條　陸軍預備幹部區分為預備軍官、預備軍佐及預備軍士。

第三條　高中以上學校之男生，應受陸軍預備幹部之教育，其訓練管理服役，悉依本方案之規定。

第四條　高中以上學校之女生，於必要時得服軍事輔助勤務，其辦法另訂之。

第二章　訓練

第五條　陸軍預備幹部之訓練分左列兩種：

一、高中及其同等學校學生，修業期滿後，以軍區為單位（或數個軍區合併），編組為陸軍預備幹部訓練團，集中訓練一年，區分為三期，每期四個月，授以新兵軍士軍官之教育，成績及格者任為兵科或業科少尉，編入預備軍官，但於軍士教育期滿，甄試不合格者，繼續施以軍士教育四個月，仍為預備軍士。

二、專科以上學校學生，於畢業之學期，自五月一日起，就有關兵科或業科之學校部隊等分別集中訓練或實習三個月，期

滿成績及格者，晉升為兵科為或業科中尉預備官佐。

各指定擔任集中訓練之學校部隊等，應分別設立兵科或業科預備幹部訓練班。

第六條　陸軍預備幹部訓練團及各兵科或業科預備幹部訓練班之組織條例及編制另定之。

第七條　中小學各項課程，應配量編入軍事基本知識，作為預備幹部訓練之準備教育。

第八條　陸軍預備幹部訓練團及訓練班之各級官佐，其任免調遣照陸軍人事法規辦理。

第九條　陸軍預備幹部集中訓練之教育計劃另定之。

第十條　陸軍預備幹部集中訓練所需之經費、被服裝具、營舍設備、教育器材、槍械、彈藥等由中央統籌撥發。

第十一條　陸軍預備幹部訓練團及各兵科或業科預備幹部訓練班各級官佐之訓練辦法另定之。

第十二條　陸軍預備幹部平時之補助訓練，除由各級管區辦理定期之訓練召集外，並得發行刊物，實施函授教育，及倡辦騎射會、軍事座談會等，以增進預備幹部之學術修養。

第三章　管理

第十三條　高中以上學校，應將修業期滿學生之名簿，務須於集中訓練前四個月層報軍區司令部，發交陸軍預備幹部訓練團及各兵科或業科預備幹部訓練班備查。

第十四條　各陸軍預備幹部訓練團及兵科或業科預

備幹部訓練班，應將每期受訓期滿預備幹部名簿，層報中央，並分送學生原籍軍區司令部登記。

第十五條　陸軍預備幹部之管理，由團管區依左列三種編組實施之：

一、地域編組：按軍區之系統，以縣為單位，分別編組，為平時管理召集之用。

二、年次編組：按集中訓練之年次，分編為民幾年隊（組），為戰時徵調服役之用。

三、業務編組：按兵科、業科、軍官、軍佐、軍士之區分，分別編組，為訓練徵調服兵役之用。

第十六條　為使管理確實及動員便利，陸軍預備幹部應一律編定官號，製發陸軍預備幹部手牒編列動員名簿，其辦法另定之。

第四章　服役

第十七條　陸軍預備幹部平時受左列之召集：

一、訓練召集。

二、動員召集。

各項召集辦法另定之。

第十八條　陸軍預備幹部，戰時受動員召集，派充動員部隊之軍官佐或軍士，其實施辦法另定之。

第十九條　陸軍預備官佐其志願服現役者，應另受軍官養成教育後，使得轉為現役，但得免受入伍教育。

第五章　附則

第二十條　高中生及其同等學校學生，非因身體關係免役或緩役，不參加集中訓練或實習不得畢業，並應依兵役法，以逃避兵役論。

第廿一條　在本方案頒佈後之高中畢業生及其同等學歷畢業生，如有未受陸軍預備幹部訓練，而於將來申請出國留學，畢業回國時，應補行受訓，其辦法另定之。

第廿二條　陸軍預備幹部集中訓練或實習之獎懲，依陸軍一般之規定辦理之。

第廿三條　陸軍預備幹部，除由高中及其同等以上學校學生中養成外，得另訂辦法培養之。

第廿四條　海空軍預備幹部之養成，得依其需要比照本方案實施，其辦法另定之。

第廿五條　本方案自公佈之日施行。

附計十一　為集訓十萬高中畢業生幹訓師增排增團與徵訓區劃分及駐地計劃對照表

甲					
原編制數			增加數		
單位		兵卒	兵卒	軍士	軍官
營	步兵連	142	42	7	2
	機槍連	81	14	4	2
	總計	507	663	25	8
團	迫擊砲連	90	20	4	2
	戰防砲連	86	18	4	2
	勤務連	102	30	5	
	輸送連	68	馱一排 汽一排 31	5	3
	團部		99	18	7
全團總計		1,998	2,517	93	31
旅	通訊連	74	架設排 27	6	2
	勤務連	77	32	6	2
	輸送連	68	31	10	2
	旅部		89	22	6
全旅統計		4,238	5,365	208	68
師	搜索連	159	30	6	2
	山砲連	155	30	4	2
	工兵連	122	26	6	2
	通信連	117	有無線 各一班 40	8	
	輜重營（汽）	48	30	6	2
	輜重營（馱）	106	45	5	2
	勤務連	135	36	6	2
	師部		359	61	20
全師統計		10,161	12,807	477	156
六個師統計		60,966	76.842	2.862	936
100,000 - 76,842 = 23,158（需增團收容）					
增加十個團可收容 25,170					

理由

1. 不增加經理單位，經費及雜兵可減少。
2. 不妨害教育與管理，連為教育實施單位，排為本階層亟需教育之單位。
3. 需增之新幹部有限，每師增軍官 156 員、軍士 477 名，六個師共增軍官 936 員、軍士 2,862 名。
4. 編制齊一，各師收容方便，編造預算亦較容易。

乙				
徵訓區劃分				
區別	區域	本區現高中畢業生數	預算明年增加三分之一數	幹訓師
第一區	江蘇 浙江 安徽 福建 台灣	13,400（台灣未含）	17,800（台灣未含）	二〇二師
第二區	湖南 湖北 廣東 廣西 江西	16,300	20,000	二〇五師
第三區	河南 陝西 山西 甘肅 青海 寧夏 新疆	9,000	12,000	二〇六師
第四區	四川 西康 雲南 貴州 西藏	9,300	12,400	二〇三師
第五區	河北 山東 熱河 綏遠 察哈爾	10,800	14,000	二〇八師
第六區	東北九省	正電詢中		二〇七師

理由

1. 區域幅員大，都適合於每師之收容量。
2. 區域內之交通方便，以利運輸。
3. 區域內學生之風習，尚稱接近。

丙				
駐地				
區別	區域	建置部隊駐地	新增團駐地	必要時再增之團駐地
第一區	江蘇　浙江 安徽　福建 台灣	杭州師部一旅（收容滬杭地區學生） 蘇州或武進一旅（收容蘇北及京皖各地學生）	台灣一團（收容全台灣學生） 福州一團（收容福省學生）	金華一團（收容閩北及浙西地區之學生）
第二區	湖南　湖北 廣東　廣西 江西	衡陽師部一團（收容衡陽長沙及湘西地區之學生） 廣州或曲江一旅（收容廣東省學生） 武漢一旅（欠一團，收容湘北之一部，及湖北省之學生）	南昌一團（收江西省學生） 桂林一團（收容廣西省學生）	長沙一團（如湘省學生增多，該團專收長沙及其附近各縣之學生）
第三區	河南　陝西 山西　甘肅 青海　寧夏 新疆	洛陽師部一旅（收容河南及山西省學生） 寶雞一旅（欠一團，收容陝西省學生） 蘭州一團（收容甘、寧、青、新四省學生）		洛陽或西安一團（如河南、陝西兩省學生有增加時，該團可收容一部）
第四區	四川　西康 雲南　貴州 西藏	重慶師部一團（收容川東及川南地區學生） 成都一旅（收容川西及西康、西藏地區之學生） 修文一旅（欠一團，收容滇、黔兩省學生）		
第五區	河北　山東 熱河　綏遠 察哈爾	北平師部及二旅均駐北平（收容冀、熱、察、綏四省學生）	濟南一團（收容山東省學生）	天津一團（如河北省學生人數增多，該團專收天津附近各校學生）
第六區	東北九省	瀋陽師部一旅（收容遼寧、安東、遼北三省學生） 長春一旅（收容舊黑龍江及吉林省之學生）		永吉

理由

1. 駐地大都能利用原有之營房，或寬大公房，僅稍加修葺，可避免建築營房之費用。
2. 駐地與學校分佈情形，洽較適中，便於收訓學生之集散。
3. 至少能以團為單位，有利教育。

圖八　為準備卅六年度高中集訓各幹訓師徵訓區域及其駐地配置計劃要圖

三十五年十二月

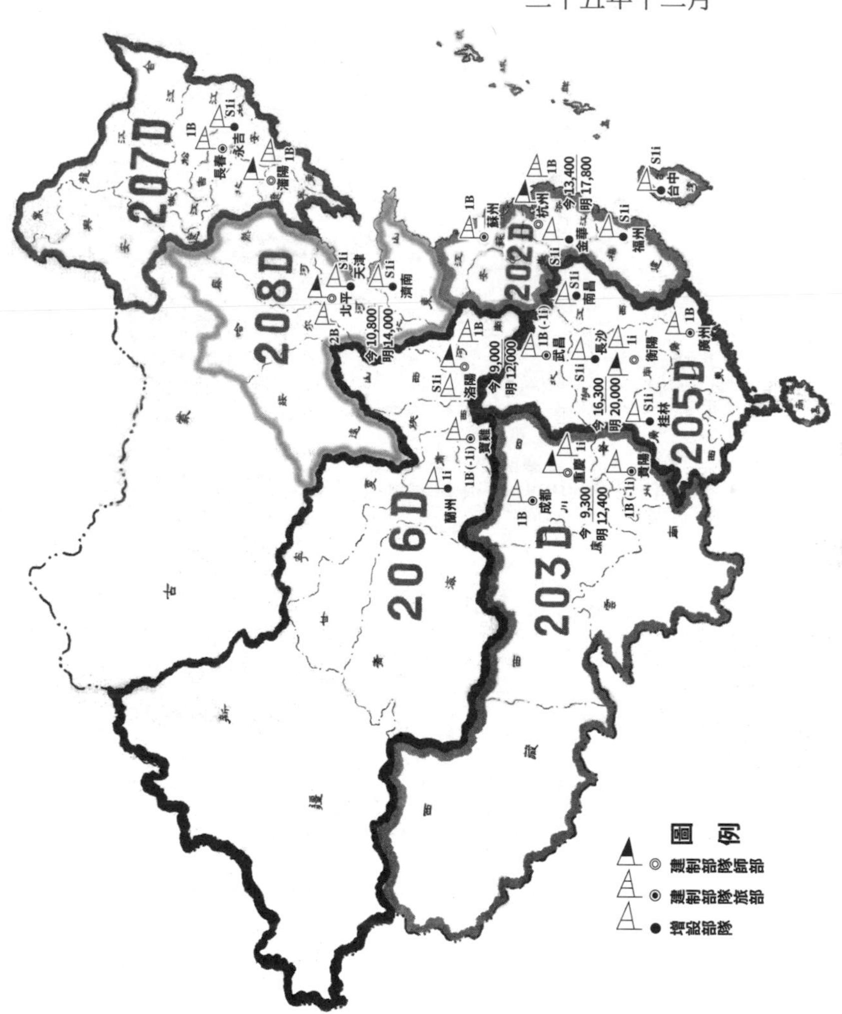

附法二七　匪區流亡及失學青年招訓辦法

第一條　為收容救濟匪區流亡及各地失學失業青年，俾免流離失所計，特由整編之青年軍各師，予以收容，授以適當之軍事政治教育，堅定其對三民主義之信念，養成其戰鬥技能，俾蔚為國用，特訂定本辦法。

第二條　本辦法之招訓人數，以補足各該師之編制定額為準，並限於明（卅六）年元月底收足之。

第三條　收訓匪區之青年，以具有小學畢業程度以上之男性，其年齡在卅歲以下，十六歲以上，而身體健康者為準。

失學失業之青年，以具有小學畢業以上程度之男性，其年齡在卅歲以下，十八歲以上，身體強健者為準。

第四條　各師應自行佈告，並商討各該地黨政軍等機關團體，一致發動，儘力協助，便利此種青年之行動，俾能迅速報請受訓。

第五條　各收訓師，須適應各該區之交通狀況及地方情形，分別派遣收訓，擔任收訓之宣傳及檢驗接收轉送與宿食之招待等事宜。

第六條　凡青年報名請求收訓時，應先行體格檢查，再予甄試，以定取舍，其考試及體檢，由各收容單位自行辦理之。

第七條　招收單位之劃分：

1. 第一區（二〇二師）——江蘇。

2. 第二區（二〇三師）——貴州、四川、西康。
3. 第三區（二〇五師）——湖南、湖北、廣東。
4. 第四區（二〇六師）——河南、山西、陝西。
5. 第五區（二〇七師）——東北九省。
6. 第六區（二〇八師）——河北、山東。

以上各該區內之各師為收訓單位。

第八條　編練辦法：

（一）收訓人數之編組，按整編師編制人數編成之。

（二）各師對收容人數之編練，以凡滿足一團（或營連）編制數時，即應分別開始訓練，其教育之程度，以適應招收時間之遲早而定，最初得實行預備教育。

（三）招收青年之教育計劃，另訂頒發之。

第九條　招收青年之在營給與，均照前青年軍給予規定給予之。

第十條　招收青年受訓時之階級，如屬小學以上程度者，均以上等兵待遇。

第十一條　招收訓青年入營後，即受軍事管理教育。

第十二條　招收之經費，由各師額領經費下據實呈報核發之。

第十三條　本辦法自公佈之日起實行之。

附法二八　收訓高中畢業失學失業青年辦法

第一章　總則

第一條　為使高中畢業失學失業青年之荒蕪流離得有依寄，特予收訓，備為國用，而特訂定本辦法。

第二條　為使明（卅六）年度高中集訓班長，不致缺虞，予以收訓，而儲備運用之。

第二章　收訓辦法

第三條　本辦法自本年十二月一日起，至明（卅六）年二月一日止，專招訓高中畢業失學失業，其年齡在十八歲以上，卅歲以下之男性青年，而身體強健者為準。

第四條　招收區域，由青年軍二〇三師及二〇五師擔任之，為儲備各該師明（卅六）年度高中集訓班長，應大量收容，但二〇五師設為營房所限，不能大量收容時，亦應收訓一部。

第五條　各收訓師須適應各該區之交通狀況與地方情形，分別派遣收容，但於各交通要地設立收容站，廣為宣傳，擔任收訓。

第六條　凡報名請求收訓之青年，應先行體格檢查，再予甄試，以定取捨，其考試及體檢，由各收容單位商請各該收容地有關機關協同辦理。

第三章　教育與訓練

第七條　收訓人數之編組，按整編師人數編成之。

第八條　各師對收容人數之編組，以凡滿足一營（或連）時，即應分別開始訓練，如截止期人數不足編制時，則以獨立班隊名義編訓，其教育之程度，以適應招收時間之遲早而定。

第九條　教育訓練辦法，另表定之。

第四章　附則

第十條　該批青年經軍士教育結業成績及格後，得充任明（卅六）年度高中集訓班長，結業時經考核成績及格者，給予預備幹部證書。

第十一條　該批青年之復員，按照「匪區流亡及失學失業青年安置辦法」處理之。

第十二條　招收訓練之經費，由各該師額領經費下據實呈報核撥之。

第十三條　本辦法自公佈之日實行之。

附計十二　青年軍各師招訓流亡青年新兵教育計劃大綱

一、方針：為使受訓學生堅定愛國信念，絕對服從政府，尊崇領袖，並涵養軍人精神，養成嚴肅軍紀，鍛鍊建強體魄，與習得戰鬥上必要之技能，俾成為優秀戰士，以為實施次一階層教育之基礎。

二、教育使用時日之規定：本計劃教育使用之時日預定為三個月（自三十五年十一月一日起至三十六年一月三十日止），計十三週，除例假日及考試時間外，實用七四天，每天以七小時計算，計五一八時。

三、教育課程：

一、政訓課程：國父遺教、中國之命運、領袖言行、精神講話、小組討論。

二、軍事課程：

A. 學科：步兵操典（第一部）、輕兵器射範、作戰綱要（陣勤部）、築城教範、內務規則、陸軍禮節、軍語擇要、衛兵須知、防空講話、陸海空軍懲罰令、防毒講話、防戰車講話。

B. 術科：基本教練、兵器教練、戰鬥訓練、射擊教練、陣中勤務、築城實施、劈刺、體操、夜間教育（非規定時間實施）。

四、教育時間之分配：

政訓 15 %、學科 15%、術科 70%。

五、教育課程實施之基準另訂。

六、考核：

(1)平時測驗：各教官利用行課間之短少時間，依課目性質，隨時行個別或全體之測驗，其成績佔總成績三分之二。

(2)期末考試：在期末舉行之。

七、教育實施應注意之事項：

(1)應根據典範操令採用「預備」、「講解」、「示範」、「實施」、「考核」、「檢討」六步驟之美軍教育方式，並利用競賽方式，提高學習興趣。

(2)學術各科之排定，應適切配合，俾學術合一，並保持密切之連繫，使教戰一致。

(3)主要課程，應盡量排於午前，實施次要者排於午後實施為宜。

(4) 自習、夜間演習及國父紀念週，均不得佔用規定時間。

(5) 務避空泛之理論。

(6) 典範令除必要條文外，宜於實施時一面講解，一面示範，一面實施，易收實效。

八、每週教育進度及實施概況，應於每月終呈處備查。

附法二九　國防部預備幹部管訓處三十五年度招訓青年安置辦法

第一章　總則

第一條　為使各師招收青年結業後，各有所歸，各盡其長，人人能為國用，特訂定本辦法以安置之。

第二條　各幹訓師對招訓青年之安置，自明（卅六）年　月　日起至　月　日止，在此期間，依本處指定之數量，並本其訓練時間與程度隨時撥交指定之機關部隊，並限期五月底前安置完畢。

第三條　各師對青年之安置，須循其志願，並適應國家培植軍政教育等部門幹部人材之旨趣，妥慎遴選交撥安置，俾各展所長人盡其才。

第四條　各幹訓師對招訓青年年齡、籍貫、能力、特長及其志願，須縝密調查記載彙編成冊，以為辦理之依據。

第五條　招收青年之安置，由本處先行函達有關各機關部隊校班徵詢意見，以為籌劃之參考。

第二章　就學

第六條　凡招收之青年體格強健，勤敏好學，堪以深造者，依其志願與學力，由本處函請有關機關學校派員會同各該師選收施教，以造成國防民生之各部門建設幹部。

第七條　已受高中以上教育，確有證件，並合於前條之規定者，得依其志願，適應各軍政機關學校部隊之需要，分別考送陸海空軍聯勤警憲機甲學校部隊及新聞工作人員訓練班等予以深造。

第八條　凡初中畢業或具有同等學力，並合於第六條之規定者，得適應各軍之需要，分送各軍種（兵科）之班團隊，予以專業教育。

第九條　凡有志地方行政屯墾農林社會服務經濟等幹部，及工廠技工訓練者，得由本處擬訂辦法呈部，會同各有關部會依其需要量於各師考選之。

第三章　就業

第十條　招收青年係高中畢業或具有同等學力，志願從事公教人員者，得由本處擬訂辦法呈部，會同經濟、交通、農林、聯勤、教育等部及有關各機關派員考選任用之。

第十一條　青年中之技術人員，志願復業者，得由本處擬定辦法呈部，會同各有關機關工廠考選後分別派予工作。

第十二條　青年中之工商業從業人員，志願復業者，得由本處擬定辦法，會同各該業有關機關設法安插之。

第四章　留營

第十三條　凡體格強健，具有初中畢業以上程度，經考試成績優良者，得繼續留營服役，另行編訓，以充任三十六年度高中集訓副班長，參與預備幹部教育，結業成績及格者，予以預備軍士名義。

第十四條　凡體格強健，具有高中畢業以上程度，經考試成績優異者，得繼續留營服役，另行編訓，以充任三十六年度高中集訓班長，參與預備幹部教育，結業成績及格者，予以預備軍官名義。

第十五條　凡收訓青年中，原有軍籍，曾任下級隊職，經甄試合格考試成績優異者，報處以職業軍官佐補用之。

第五章　回籍

第十六條　凡志願回籍或甄審不合格，及教育水準較低，無法安插者，應予以資遣回籍。

第十七條　凡核准回籍之青年，發餉兩個月，並按給與規定發給旅費，其交通工具由各該師會同有關機關統籌辦理之。

第六章　附則

第十八條　關於招訓青年之就學就業之詳細辦法另訂之。

第十九條　凡招收之青年，為高初中畢業或肄業，於參加考試（甄審）時，（至遲在入學校前）須呈繳所有學歷（經歷）及其證明文件。

第二十條　凡經考試錄取之各兵種校班，與核准就業之青年，應按其路程之遠近，比照軍士（上中下）給與標準發給旅費。

第二十一條　本辦法如有未盡事宜，得臨時呈請修正之。

第二十二條　本辦法經召集各有關單位會商或函詢有關方面意見後呈准施行之。

附表七〇　全國已施行學校軍訓各省軍訓教官數量出身概況表

類別／人數／省別	現有教官數量							
	階級							
	上校	中校	少校	小計	上尉	中尉	小計	合計
浙江	2	10	10	22	24	6	30	52
安徽		7	7	14	29	20	49	63
江西	8	24	17	49	12	12	24	73
湖北		4	7	11	11	12	23	34
湖南	7	21	49	77	27	10	37	114
四川	20	38	58	116	88	7	95	211
西康		2	5	7	5		5	12
廣東	2	17	31	50	34	31	65	115
廣西		6	21	27	16	7	23	50
雲南	1	4	11	16	31	1	32	48
貴州		11	16	27	13	13	26	53
河南	4	7	31	42	27	7	34	76
陝西	5	10	27	42	33	19	52	94
甘肅	1	10	19	30	25	1	26	56
青海					9	9	18	18
福建		11	5	16	32	18	50	66
總計	50	182	314	546	416	173	589	1,135

類別 人數 省別	出身							
	校別							
	各兵科學校	各兵科學校訓練班	中央軍校	中央軍校高教班	中央訓練各訓練班	總監部教官班	其他	合計
浙江			35		14		3	52
安徽			37		15		11	63
江西			45		14		14	73
湖北			24		8	1	1	34
湖南			49	6	31	15	13	114
四川			78	20	70	20	21	211
西康			2		5		5	12
廣東		5	88		15		7	115
廣西		1	45		1		3	50
雲南		1	30		14	1	2	48
貴州	3	3	32		13			53
河南	2	2	38		28		6	76
陝西	2		56		30	1	4	94
甘肅	3		35		15	1	2	56
青海							18	18
福建			34		25		7	66
總計	10	12	628	29	298	41	117	1,135

附記

一、本表依據軍訓部移送教官簡歷冊，暨各省市最近呈報教官簡歷冊製訂之。

二、本表依據各省學校異動，暨軍訓教官人數減增異動隨時製訂之。

附表七一　全國應實施學校軍訓各省市現有及應補充軍訓幹部數量統計表

省市別	學校總數	學生總數	軍訓幹部		
			應設數	現有數	待補數
浙江	71	14,194	124	52	72
安徽	109	18,944	155	72	81
江西	59	10,752	90	82	9
湖北	44	16,903	141	34	107
湖南	98	18,216	152	114	38
四川	268	51,098	466	211	255
西康	26	2,732	23	12	11
河南	65	15,493	129	76	53
陝西	56	14,394	120	78	42
甘肅	46	9,129	102	56	46
青海	10	1,503	7	18	
福建	52	13,208	110	65	45
廣東	232	34,230	258	115	143
廣西	59	12,657	29	50	79
雲南	65	5,234	44	48	
貴州	61	6,575	67	53	14
山東	35	7,022	78		78
山西	22	2,634	28	36	
河北	20	5,903	64		64
北平	39	8,121	87		87
天津	20	3,391	39		39
青島	10	1,752	20		20
南京	18	5,152	51		51
上海	88	15,584	162		162
總計	1,573	294,841	2,646	1,173	1,496

附記

本表計共 24 省市，應設軍訓幹部 2,646 員，除前軍委會原定軍訓幹部 1,600 員外，應增設者計 1,046 員。

附表七二　全國各省市高中及同等學校卅五年度第一學期已受軍訓及未受軍訓學生人數統計表

類別 省市別	共有數		已施軍訓數		待施軍訓數	
	學校	學生	學校	學生	學校	學生
江蘇	97	14,303	3	688	94	13,615
浙江	71	14,194	41	10,149	30	4,045
安徽	109	18,944	44	10,402	65	8,542
江西	39	10,752	55	10,224	4	528
湖北	44	16,930	26	11,600	18	5,330
湖南	98	18,216	72	15,718	26	2,498
四川 重慶市含內	268	51,098	149	31,432	119	19,666
西康	26	2,732	26	2,732		
河北	20	5,903			20	5,903
山東	35	7,023			35	7,023
山西 該省早已施訓 但未備案	22	2,634	22	2,634		
河南	65	15,493	58	14,259	7	1,234
陝西	56	14,394	55	14,240	1	154
甘肅	46	9,129	26	6,506	20	2,623
青海	10	1,503	5	1,276	5	227
福建	52	13,208	52	13,208		
廣東	232	34,230	90	20,166	141	14,064
廣西	59	12,657	30	7,624	29	5,032
雲南	65	5,224	33	4,087	32	1,137
貴州	61	6,575	48	3,899	13	2,676
熱河	9	778			9	778
綏遠	6	499			6	499
遼寧	24	8,000			24	8,000
遼北	21	4,366			21	4,366
吉林	20	4,564			20	4,564
黑龍江	該省學校尚未設立					
察哈爾	該省學校尚未設立					
南京	18	5,153	3	639	15	4,514
上海	88	15,584			88	15,584
北平	39	8,121			39	8,121
天津	20	3,391			20	3,391
青島	10	1,752			10	1,752
合計	1,570	327,348	838	181,483	912	145,865

附記

1. 本表係根據教育部統計暨軍訓備案表製訂。

2. 女校及女生未列入表內。
3. 助產學校及醫專未列入表內。
4. 安東、松江、合江、嫩江、興安、大連、寧夏、新疆、台灣等九省市未報。

第二節　復員青年軍之通訊組織及生產文化福利事業之舉辦

第一款　復員青年軍之通訊組織

（一）通訊組織

青年軍復員之初，主席曾一再指示妥為處理復員之後通訊聯繫及掌握與運用，遵照指示及為加強復員青年軍通訊聯絡，參加建國工作，並便於動員召集起見，特訂青年軍通訊處組織規程，除於首都所在地設立青年軍通訊總處外，並在全國各重要城市設立青年軍通訊分支處，其組織精神採民主集權制，組織方式，則由下而上，為求組織之嚴密與慎重，對於登記資格之限制較嚴，凡具備下列資格者均可登記。

⑴在青年軍各師受訓完畢准予復員者。

⑵在青年軍各師受訓期間中經調為部隊官佐或政工人員至三十五年五月尚在軍中服務者。

⑶志願兵在受訓期間中經集體改編為國防部隊或個別調入特種部隊，至三十五年五月尚在軍中服務，曾受預備軍官教育完畢者。

⑷志願從軍女青年在三十四年十一月以後奉准退伍者。

⑸志願從軍青年在幹部訓練團政工受訓結業，在軍中服務滿六個月者。

⑹ 志願從軍青年在幹訓團各隊結業在軍中服務滿六個月以上者。

⑺ 三十五年以後高中畢業學生經調至幹訓師受訓期滿後，取得適任預備軍官證明書者。

凡有違犯下列之一者即不准登記或撤銷其登記：

⑴ 有違背三民主義之言論及確據者。

⑵ 有損害青年軍信譽或犯貪污瀆職，曾受刑事處分有案者。

⑶ 有違背國家民族利益者。

青年軍復員後，經分別在南京、上海、鎮江、杭州、廣州、長沙、漢口、重慶、成都、貴陽、蘭州、漢中、洛陽、合肥、徐州、北平、瀋陽、福州、南昌設立十九個通訊支處，在桂林、昆明、太原、台灣、青島等地分立五個通訊分處，共轄通訊小組一、一七四小組，並在南通等六十四個大學學院或專科學校設立直屬通訊小組一四三小組，現有組員二、八九七人，復員青年軍志願兵經教育分發各大學者共計六、六九四人，並在繼續發展組織，辦理登記，務使復員青年軍就學復學專科以上學校及就業復業回籍者均納入組織，俾便國家動員之召集。

（二）青年軍通訊分處之組織

按照青年軍通訊組織規程之規定，通訊總處設幹事會，設幹事九人至十五人，候補幹事七人至九人，省市支處設幹事會，設幹事五人至七人，候補幹事一人至三人，縣市分處設幹事會，設幹事五人至九人（須有五個通訊小組以上方能設立），通訊小組設組長、副組長各一人，由組員選舉之，每半年改選一次，但因編制至十二月底始行決定，故各省支處及縣市分處雖已分別成立，但幹事會迄未組成，對於整個通訊工作之推進，殊多障礙。

通訊總處設總幹事、副總幹事各一人，均為兼職，上校祕書一人，中（少）校股長三人，少校（上尉）股員六人，中（少）尉書記三人，少（中）尉事務員三人，上等傳令兵五人，上等炊事兵二人，共計官兵二四人。

通訊支處設總幹事、副總幹事各一人均兼職，中校祕書一人，少校（上尉）幹事三人，少尉辦事員三人，少尉書記一人，上等傳令兵三人，上等炊事兵一人，共官兵一四人。

通訊分處設總幹事、副總幹事各一人，均為兼任無給職，少校（上尉）幹事一人，少尉書記一人，上等傳令兵一人，上等炊事兵一人，共計官兵六人。

（三）青年軍通訊支分處人事配備情形

本部隊青年軍通訊處各級人事之派用，堅守四項原則，第一必須為從軍復員青年，第二以才任職，第三儘量選任兼職人員，第四各級工作人員，儘由各單位保薦。根據此四項原則，青年軍通訊處各級總幹事、副總幹事均為兼職，省市支分處工作人員除組織幹事由本處派用外，其他人員均由各支分處保薦派用或調兼職，各級工作人員均能稱職，工作表現頗為良好。

第二款　生產文化福利事業之實施

本部遵奉主席指示青年軍復員後通訊組織工作中，應以經濟文化事業為主，經擬具中國青年建設股份有限公司組織規程，並擬定輔導青年軍同志舉辦之各種公司及生產福利事業輔導辦法一種，報請中央指撥之壹百億舉辦生產企業，近未奉批准，除分別指導業務發展外，對經濟直接輔導一項尚本辦理，現在青年軍同志在各地創辦之生產文化大小公司等共計七十二個單位，大多以基金太少，業務推進諸感困難，若能妥為輔導，則不僅可解決一部份復員青年軍之失業問題，且可使整個國家經濟文化建設有所裨益。

第三節　復員青年軍之輔導

第一款　設辦青年中學及青年職業訓練班

青年軍復員後，因鑒於一般青年年幼識淺，不足擔當重任，一部青年失所無靠，無力就學，值茲建國伊始，各種建設人才缺乏之際，乃經簽奉主席批准分在重慶、漢中、貴陽、杭州、嘉興、長春、瀘縣、萬縣諸處，設立青年中學六所及青年職業訓練班五所，當於六月間開始籌備，九月間陸續開學，經收訓學生共壹萬六千一百九十三名，嗣經決定，將原設之青職改為職業學校，以加長教育時間，加深技術培養，將原設青中與教育部洽商視同公立學校辦理立案手續，經正與教育部洽商辦理中，至各校班行政之督導則視必要派員分往予以指導改進。

第二款　復員青年軍留學考試

青年軍留學考試，經教育部給定設置名額三百名，本年度首次考試已於本年八月間舉行，參加者共有二百七十五人，考試成績正結算中，至留學預算已與教育部會同簽呈主席核示，一俟批准，即可發表，下年度並將繼續辦理，以遴取優秀青年出國深造。

第三款　復員青年軍分發專科以上學校就學

青年軍復員士兵原在各專科以上學校肄業或高中已屆畢業者，均經會同教育部分別予以分發，各專科以上學校者五、六二〇人（內分發政大三五人），入各大學復學者計一、〇三三人，轉入各專科以上學校就學者計一六八人，此外因有一部學生以復員較遲或以路途過遠，陸續來處請求分發計一八〇人。

第四款　復員青年軍失學之救濟及輔導

青年軍復員後，一部份青年有家在匪區無法復學，或環境寒苦，無力就學因而失學者，均經分飭各地青年軍通訊處就地輔導協助升學，並令飭各青年中學及青年職業訓練班在原定名額內儘量予以收容，以資救濟，計續送各青中、青職者計九八人，函請各省教育廳設法分發就學者計五八人。

第五款　復員青年軍就業輔導

為保障復員青年軍之就業，解決其困難問題起見，經令飭各省市通訊支分處與各級機關法團切取聯繫，務求就業復業者各得其所，間有少數機關法團拒絕錄用復員青年軍，或尅扣服役間薪津等情事，均由各省市支分處分別設法予以解決。

第四節　青年軍政工復員業務暨各幹訓師政訓之實施

第一款　政工幹部復員業務

青年軍各師政工幹部復員業務，如復員之考試銓獎，軍籍之稽核，服務成績之考查，及調服政工人員復員獎金之核發等工作，已由前青年軍復員管理處會同前軍委會政治部辦理，至各師政工幹部復員後之升學暨就業均經比照志願兵復員辦法項分別辦理，現各級復員政工幹部，仍與主管聯絡，情況極為良好。

第二款　各幹訓師政訓之實施

為使各幹訓師政治部之收訓匪區青年政訓工作，能配合軍事訓練，有統一步驟與方法，以加強工作效能，而於短期內達成爭取青年群眾，造就綏靖區地方自治基幹之任務起見，經擬定幹訓師各級政治部組訓計劃頒佈實施。（附計一三）

第三款　加強剿匪政訓工作

為配合綏靖工作之需要，特訂定加強剿匪政訓綱要，曾擬定：（一）宣傳要點頒發辦法，（二）各幹訓師加強組織防止奸黨辦法，（三）綏靖政治教育大綱暨實施辦法，（四）政治課程基準表，（五）匪區收復後重建工作教程綱要，（六）匪區收復後整編保甲之實施教程講授綱要，（七）策動匪軍反正課目講授要點等七種，並通飭各幹訓師政治部實施，以配合剿匪政治訓練工作。（附法三〇、三一、三二）

第四款　充實政訓幹部

先後選拔學歷優良之中外大學畢業人員，分赴各幹訓師任教遴派優秀人員赴各師主持各級政工業務，並通飭各幹訓師選拔各師復員士兵優秀份子，入新聞班受訓，先後約三千餘人，現均畢業，服務各單位，成績均極良好。

附計十三　各幹訓師政治組訓計劃

一、要旨

（一）使收訓之青年，成為三民主義堅強的鬥士。

（二）培養收訓之青年，授以專門技能，並有組織的參加建國工作。

二、工作要領

（一）以班為單位，建立小組會議，考核每一青年之思想言行，培養其組織能力。

（二）建立小組長聯席會議，培養其領導能力。

（三）依據工作志願與特長，建立職業性之座談會或交誼會，加強相互間的情感。

（四）全體宣誓，加入三民主義青年團集中革命力量。

（五）到達一定地點後，附近地區機關學校之分隊聯合建立區隊，以代替原來的小組聯席會議。

（六）匪區青年結業後之通訊工作併由青年軍通訊處辦理。

三、實施程序

（一）第一個月

1. 建立小組會議，按期開會。

2. 設立小組長聯席會議，按期開會。
3. 舉行普遍性的座談會、交誼辯論會、講演會。
4. 嚴格考核每一青年思想、言行、特長及其家庭狀況，分類登記統計。
5. 選舉優秀份子，個別介紹入團。
6. 舉行三民主義青年團員訓練。

（二）第二個月

1. 加強小組會議，充實內容，變換方式。
2. 加強小組長聯席會議，充實內容，變換方式。
3. 分別工作志願，舉行座談會及交誼會。
4. 加強考核，造具詳歷考核冊。
5. 詳細調查匪區青年學歷、經歷、職業、技能、志願及家庭狀況，分別統計造具圖表。
6. 舉行匪區人民普遍困難問題討論會，研討解決辦法。
7. 籌辦入團宣誓。
8. 研討結業後之聯繫辦法及鬥爭技術。
9. 準備還鄉隊的工作。

（三）第三個月

1. 舉行示範性的分隊會議，代替小組會議。
2. 選拔直屬通訊員。
3. 決定同一省區內的通訊聯絡負責人，造冊呈報。

4. 校正各項調查統計，造冊呈報。

5. 組織還鄉隊，決定沿途工作項目。

（四）結業後

1. 到達同一地區者，組織還鄉隊，集體還鄉，維持團體行動，展開旅途工作。

2. 回收復區者，調查收復區各項困難，集體設法解決，

3. 分別各地區機關學校，展開分隊會議及區隊會議工作。

4. 建立全省或全市通訊小組聯合辦事處，參加通訊活動。

5. 團結周圍青年，實行反共黨、反貪污、反官僚（土劣）運動。

6. 調查當地社會及社團活動情形，提供意見。

7. 努力進演修業，互勉互助，加強匪區青年的團結，促成各項建設。

8. 介紹優秀青年，加入三民主義青年團充實革命力量。

四、實施要點

（一）各師司令部與政治部，應在每月月初舉行特種會議一次，商討組織進行事項，由師長、政治部主任輪流主持。

（二）收訓青年之考核，採用青年軍考核辦法，由連、營、團、旅而至師部，由軍政主管幹部會同負責。

（三）收訓青年結業後之工作問題，應由師政治部詳細調查，妥密商討，先期予以決定，俾結業後之組織聯繫早有頭緒。

（四）直屬通訊員，由團級軍政主管會同選拔四倍人數（每班四人），分別送呈旅級軍政主管，再加審核，由旅級軍政主管選拔二倍人數，分別呈送師級，由師長、政治部主任再著最後選拔，每班選定一人造具詳歷冊（特別註明通訊地點）送呈本處。

（五）小組會議由連訓導員室負責編組，各項座談會、講話會、講演會等由團督導員室負責主持。

（六）入團各項手續由師（旅）政治部派員會同各團指導員主持。

（七）還鄉隊以團或旅為單位編組。

（八）結業後之通訊連絡負責人，即由結業後同一省（市）區內之區分隊長中推選三人擔任之，由師部造具詳歷冊送呈本處。

政訓部份

一、原則

本處為使各師政治部之收訓匪區青年政訓工作能配合軍事訓練，有統一步驟與方法，以加強工作效率，而於短期內達成爭取青年群眾，造就綏靖區地方自治基幹之任務起見，特定本綱要，俾資遵循實施。

二、工作方針

各師收訓匪區青年，暫以初中程度之青年為對象，務須於三個月內完成左列目標：

1. 批判匪區所宣傳之乖謬言論，昭示三民主義之偉大理想，使其確切信仰本黨主義，服從領袖。
2. 矯正其頹靡生活習尚，培養整齊嚴肅活躍進取之朝氣。
3. 激發其忠黨愛國精神，激勵奮發其與奸黨鬥爭。
4. 造就地方自治基幹，俾能用為綏靖區今後管教養衛之幹部。

三、實施程序

（一）第一個月政訓重心（生活訓練）

1. 加強團體生活之訓練，以集中其注意力，務使時間上無空隙。
2. 加強整齊劃一之紀律動作，以嚴肅方式統馭其精神。
3. 詳細調查受訓青年之學歷、經歷、思想、品行及工作能力。
4. 隨時記錄施訓之反應與個別談話之感應，以便甄選考核，得有精確細密之結果。

（二）第二個月教育重心（思想訓練）

1. 教授三民主義理論，說明當前國內外實際狀況與前途，要以「安定社會，促進民權憲政，實施民生主義之經濟建設，從事生產建國」為第一義，方能實現三民主義，促進世界大同，藉以廓清匪黨階級鬥爭之謬論。

2. 闡揚領袖復興民族建設國家之思想與理論，及領導本黨復興民族之史實，以堅定對領袖之認識與信仰。
3. 闡述我國國民革命精神之偉大，與世界大同理想之崇高，駁斥匪黨所倡國際共產媚外叛國之倒行逆施。

（三）第三個月政訓重心（政治訓練及工作實習）

1. 加強政治教育，統一官兵意志，使其確識今日中國革命建國之途徑。
2. 增加各種鬥爭技術之教程，以培養鬥爭能力。
3. 增強小組活動，以「啟發」、「誘導」方式，使其多作自我表現，養成接近群眾之能力。
4. 按其工作興趣與能力，分組講授及分發實習。

四、施訓方式

（一）集體方式

1. 課堂講授與精神講話。
2. 舉行小組會議及生活檢討會、座談會。
3. 舉辦短期小組長訓練，或其他特種技術訓練。
4. 舉辦各種運動（包括體育與康樂活動）。
5. 分組講授及實習。

（二）個別方式

1. 個別談話或個別訪問。
2. 個別測驗與調查講話。
3. 審閱其自傳與生活日記、聽講紀要。

（三）競賽方式

1. 舉行辯論會、講演會、寫作、書畫等競賽。
2. 舉行勞動服務、工作成績及新生活運動等項競賽。

（四）實習方式

配合收復區之軍事進展，儘量利用工作機會，分組分發實習，俾資一面受訓，一面實習。

五、教育課程

（一）基本課程

1. 國父遺教。
2. 領袖言行。
3. 中國政治問題。
4. 中國經濟問題。
5. 國際現勢。
6. 黨團文獻（包括各屆黨團全會宣言政綱議案等）。

（二）輔助教程

1. 黨政批判。
2. 匪情研究。
3. 民眾組訓。
4. 合作事業。

5. 諜報研究。
6. 宣傳技術。

（三）工作實習

1. 民眾組訓實習。
2. 合作事業實習。

六、各級政訓工作實施項目

（一）師政治部（著重設計考核與訓練）

1. 訂定各級政訓之工作計劃。
2. 分配工作人員。
3. 考核人事。
4. 實施視導。
5. 指示宣傳要點（每週一次）。
6. 發行簡報週刊或月刊。
7. 組織政工通訊網。
8. 搜集報告資料。
9. 調查各種特殊情況。
10. 安定政工人員之生活。
11. 召開全師政工會報（每月舉行一次）。
12. 召開全師軍政聯合會報（每月舉行一次）。
13. 按週向上級報告工作。
14. 建立交通機構。

（二）旅政治部（著重督導考核）

1. 訂定各級政工之工作計劃。
2. 分配工作人員。
3. 考核人事。
4. 調查各種特殊情況。

5. 召開全旅政工會報（每月舉行一次）。
6. 召開全旅軍政聯合會報（每月舉行一次）。
7. 每三日向上級報告工作。
8. 舉辦小組長講習班。

（三）團督導員室（著重領導工作）

1. 小組會議之指導。
2. 組織軍風紀糾察隊。
3. 成立俱樂部。
   (1) 舉辦各項比賽。
   (2) 指導各連康樂活動。
   (3) 舉行全團官兵同樂會（每月一次）。
4. 召開全團軍政會報（每二週一次）。
5. 召開全團政工會報（每二週一次）。
6. 每三日向上級報告工作。

（四）連指導員室

甲、組訓方面

1. 完成人事調查工作。
2. 製定各種統計圖表。
3. 成立青年軍人服務社幹事會。
4. 建立小組會議「選舉組長」。
5. 召開小組組長會議。
6. 籌設軍民合作站。
7. 成立經理委員會。
8. 實施政治教育。

   前期（第一月）訓練目標——發揚戰鬥精神。

訓練中心：

A. 認識奸匪研究匪情。

B. 愛國家愛同胞。

C. 要完成幹訓師的使命。

後期（第二、三兩月）訓練目標——

確立基本認識。

訓練中心：

A. 堅定對三民主義之認識。

B. 堅定對領袖之信仰。

C. 實習民眾組訓工作。

9. 組訓黨團員。

乙、宣傳方面

1. 組織宣傳隊。

2. 出版壁報（每二週一期）。

3. 軍民聯歡會

4. 歌詠戲劇。

丙、服務方面

1. 組織膳食委員會。

2. 解決洗衣補衣問題。

3. 發起勞動服務（修路修營舍）。

4. 組織醫院服務隊。

5. 組織清潔衛生隊。

6. 規定士兵日常生活之標準。

7. 組織官兵消費合作社。

8. 組織官兵福利會。

丁、康樂方面

1. 成立中正堂。
2. 體育活動——每週舉行運動比賽。
3. 官兵同樂會（每週一次）。
4. 參觀旅行。

戊、各種會議

1. 全連官兵大會（每月一日舉行一次）。
2. 小組組長會議(每月星期一舉行一次)。
3. 小組（每週星期六舉行一次）。
4. 經理委員會（每兩週一次）。
5. 服務社幹事會（每二週一次）。
6. 全連軍政聯合會報（每週一次）。

七、附則

（一）各師收訓匪區青年第一期政訓工作，暫定三個月，務須依照本綱要實施。在消極方面，矯正不正確之思想。積極方面，培養黨團之基礎幹部，俾資配合匪區綏靖工作。

（二）各師政治部，應根據本計劃綱要與實際情形，於開始收訓青年時，擬訂具體實施計劃及工作預定進度表呈核。

（三）各師政治部訓練實施方式及各種活動項目，概依照前青年軍政治部所規定者為藍本。

（四）本綱要自十月　日起通飭施行。

附法三〇　國防部預備幹部管訓處宣傳要點頒發辦法

一、本處為宣傳上級對時局之重要指示，報導奸匪情報，統一宣傳內容，而增宣傳效能起見，特規定由本處按週製發宣傳要點，廣為宣傳。

二、宣傳要點，頒發單位為本處所轄青年軍各師司令部政治部、各青年中學、各青年職業訓練班、各通訊支（分）處（改制後之建國學會）。

三、宣傳要點之內容包括：

1. 上級重要文告或特殊指示。
2. 國內外發生之重要問題「之產生」及吾人應有之認識。
3. 遠東形勢之變化與我國之關係。
4. 國際輿論之撮述與其作用之批評。
5. 各黨派之活動及其企圖。
6. 奸匪之動態與陰謀。

四、宣傳要點，由本處於每週以機密速件頒發各單位，必要時得用電報。

五、各單位應編號機密保管，遵照所揭要旨發揮闡述，但原件如遇情況緊急時，應隨時焚毀，以免洩漏。

六、各單位應儘速根據所頒宣傳要點指示各級訓練導人員，按時向全體學生士兵闡述，以造成一致之輿論。

七、本辦法經呈奉核准後頒發施行。

附法三一　本處所屬各幹訓師加強調查組織防止奸黨辦法

查奸匪之活動，無孔不入，青年軍各師此次收訓之綏靖區失學失業青年，為使嚴密防範奸匪份子混入作地下工作，我各級軍政人員務須密切防制，處處注意使其無法潛伏，特訂實施辦法如左：

1. 志願兵入營，限半月內由各師司令部暨政治部詳細查報收訓青年之詳歷、思想、身家、特長、嗜好暨生活品行（附調查表式）。
2. 由各師司令部暨政治部，於每排指定雙重通訊員，負責調查士兵日常生活及平時言論行動。
3. 連長訓導員，應注意最優最劣士兵之言行與交遊。
4. 派有工作經驗之政工人員，祕密檢查軍郵聯絡站士兵來往書信。
5. 士兵各種組織活動，各級政工人員，除予以正常指導外，並須祕密選派留營及忠實可靠之士兵，隨時掩護，參加其組織活動，以期深刻了解內幕，作適當處置。
6. 如發現有異黨活動嫌疑或陰謀時，應施隔離教育，必要時應儘速機密呈報上級。
7. 各師司令部暨政治部，應按週彙集重要情報及處理經過表報本處（其表式另定之），其具有時間性及特殊重要者，應儘速電報。
8. 本辦法呈奉核定後通飭施行。

附收訓調查表式

部屬	姓名	年歲	籍貫	學歷	思想與特長	身家及品性	備考

附法三二　綏靖政治教育大綱暨實施辦法

一、綏靖政治教育綱要

第一、共產主義批判

A. 唯物辯證法批判。

B. 唯物史觀批判。

C. 剩餘價值批判。

D. 階級鬥爭批判。

E. 無產階級專政批判。

F. 民族政策批判。

G. 經濟政策批判。

第二、中國共產黨史

——注重於其成長中說明其盲目錯誤

A. 思想與組織的輸入時期。

B. 依附國民黨的時期。

C. 背叛和暴動時期。

D. 「蘇區」和流竄時期。

E. 參加抗戰時期。

F. 勝利以後。

第三、中共妨害抗戰破壞統一的罪行

A. 製造民族糾紛，出賣國家利益。

B. 割據地方，破壞行政系統。

C. 稱兵作亂，破壞軍令統一。

D. 發生鈔票，破壞財政金融。

E. 破壞工廠礦山交通，摧殘經濟命脈。

F. 任意擄殺官民，破壞司法獨立。

G. 燒殺擄掠，倒行逆施，造成社會貧亂。

第四、中共殘害心良及知識份子暴行

A. 中共暴行實例——由士兵報告事實。

B. 中共革命方略批判一——製造貧窮。

C. 中共革命方略批判二——製造混亂。

D. 中共統治區實況——由士兵報告事實。

E. 中共的統治政策批判。

第五、中共的策略與路線

A. 中共的派系與毛澤東的「整風」。

B. 擴大割據與擴充軍力作奪取政權之資本。

C. 製造貧窮與製造混亂迫使政府讓步。

D. 以談判保障割據，待機奪取政權。

E. 現階段的策略。

第六、中蘇外交與中共外交

A. 中俄外交史。

B. 蘇聯的外交政策。

C. 美蘇外交與中美外交的關係。

D. 中蘇美係的決定因素。

第五節　復員運輸

青年軍大部集中於西南及西北各地，該項運輸惟有賴公路及水路，在當前國內交通極形困難之情形下，對於復員青年軍之大量運輸，事前即作縝密之計劃與充分之準備，復得各交通機關之協助，此一普遍全國運輸之重大任務，得以順利推進。

截至十二月底止，第一批復員青年軍已運輸完畢，第二批新復員單位新一軍、新七軍及二〇七師等之運輸仍在繼續辦理中。

民國史料 082

移植與蛻變——國防部一九四六工作報告書（二）

Transplantation and Metamorphosis: Ministry of National Defense Annual Report,1946 - Section II

主　　編　陳佑慎
總 編 輯　陳新林、呂芳上
執行編輯　林弘毅
封面設計　溫心忻
排　　版　溫心忻
助理編輯　王永輝

出　　版　開源書局出版有限公司
香港金鐘夏慤道 18 號海富中心
1 座 26 樓 06 室
TEL：+852-35860995

民國歷史文化學社 有限公司
10646 台北市大安區羅斯福路三段
37 號 7 樓之 1
TEL：+886-2-2369-6912
FAX：+886-2-2369-6990

http://www.rchcs.com.tw

初版一刷　2023 年 5 月 31 日
定　　價　新台幣 400 元
港　幣 110 元
美　元　15 元
I S B N　978-626-7157-88-6
印　　刷　長達印刷有限公司
台北市西園路二段 50 巷 4 弄 21 號
TEL：+886-2-2304-0488

國家圖書館出版品預行編目 (CIP) 資料
移植與蛻變：國防部一九四六工作報告書 = Transplantation and metamorphosis : Ministry of National Defense annual report, 1946/ 陳佑慎主編 . -- 初版 . -- 臺北市：民國歷史文化學社有限公司 , 2023.05

冊；　公分 . -- (民國史料；81-83)

ISBN　978-626-7157-87-9　(第 1 冊：平裝). --
ISBN　978-626-7157-88-6　(第 2 冊：平裝). --
ISBN　978-626-7157-89-3　(第 3 冊：平裝)

1.CST: 國防部　2.CST: 軍事行政
591.22　　112007997